Preface

매우 춥던 한파가 물러가고 이제 봄이 오려는지 따뜻함이 느껴지는 시기가 온 것 같습니다. 머리말을 쓰려고 하니 미용을 처음 시작한 그 시절의 추억 하나 하나가 떠오르네요. 학생들에게 미용 관련 강의를 한지도 어느덧 17년째가 되어 갑니다. 그동안 조금 더 학생들에게 잘 가르치고 이해를 쉽게 할 수 있도록 노력해 왔습니다.

베이직 헤어커트를 강의하면서도 마찬가지였습니다. 커트 용어와 자세, 커트 이론, 커트 디자인 등 이론과 그에 맞는 실습을 학생들에게 가르칠 때 학생들이 내용을 하나하나 잘 이해하고 실습할 수 있도록 지도하였습니다.

이러한 학생 지도 경험을 토대로 학생들이 헤어 커트에 대한 이론과 실습을 쉽게 이해하고 졸업 후에도 지속적으로 공부할 수 있도록 커트이론과 실습을 체계적으로 엮어 책을 편찬하게 되었습니다.

본 교재는 NCS 기반으로 **1장** 커트 이론, **2장** 커트 도구, **3장** 커트 자세, **4장**과 **5장** 커트 이론 및 실습, **6장** 커트와 베이스, **7장** 커트의 종류, **8장** 가위 · 빗 잡는 법과 실습, **9장** 빗질, 파팅, 섹션, 커트 실습, **10장** 기본 헤어커트 시술하기로 구성하였습니다.

학생뿐만 아니라 처음 커트를 접하는 미용인들에게도 커트가 어렵게 느껴지지 않도록 최대한 자세히 설명하였고, 사진과 그림 역시 자세하게 묘사해 표현하기 위해 노력했습니다.

아무쪼록 이 교재를 보시는 모든 분들에게 조금이나마 도움이 되었으면 합니다.

이 책이 편찬 될 때까지 도와주신 구민사 조규백 사장님과 직원 여러분께 감사를 드립니다.

봄을 기다리며...

저자 일동

Contents

Contents

BASIC CUT

CHAPTER 01

커 트 이 론

01 커트 개요

헤어커트는 우리가 익히 알고 있는 '머리를 자른다'라는 뜻으로 헤어스타일을 만드는 데 기초가 되는 기술이다. 하지만 헤어커트는 우리가 알고 있는 단순히 머리를 자른다는 것뿐만 아니라 머리를 완성시키고 아름다운 스타일을 내고 다른 스타일을 위한 기초단계가 되기도 한다. 미용기술에서 가위나 클리퍼와 레이저와 같은 도구를 사용해서 모발의 길이 변화와 모발의 양감을 조절함으로써 고객이 원하는 스타일을 표현한다. 퍼머나 세팅에 의해서 형성되는 헤어스타일도 커트에 의해 사전에 헤어스타일이 만들어진다. 이와 같이 헤어커트의 목적은 모발의 길이를 정리하고, 모발의 양을 조절하여 헤어스타일을 완성하기 위한 기초를 만드는 데 있다.

헤어커트를 자세히 알기 위해서는 여러 가지 헤어커트의 정의 등과 같은 이론과 커트 도구, 커트 자세, 커트의 종류, 커트 용어를 알아야 한다. 이러한 커트에 대한 전반적인 내용을 학습하면 헤어커트에 대해 좀 더 많은 것을 알 수 있고, 학습한 내용을 통해 좀 더 전문적으로 헤어커트에 접근할 수 있다.

헤어커트의 정의를 통해 헤어커트의 뜻과 목적을 이해할 수 있고 헤어커트 도구를 알면 커트스타일에 따라 커트에 맞는 도구를 사용할 수 있고, 어떤 도구를 사용하였을 때 모발의 질감 등이 표현되는지 알 수 있다. 헤어커트의 바른 자세를 통해 원하는 커트선과 스타일을 표현할 수 있고, 어떤 자세로 커트해야 바른 자세인지 또 잘못된 자세는 어떤 것들이 있는지 알 수 있다. 또한 헤어커트 이론을 통해 체계적이지 못한 커트 과정을 체계적으로 표현할 수 있다. 헤어커트 용어를 학습하여 미용전문가로서 쉽게 헤어커트 이론에 관한 내용을 이해할 수 있고, 시술을 설명할 때 체계적으로 표현할 수 있다.

02 디자인의 원리

1 균형 (Balance)

균형은 시각적으로 무게에 의해 평형을 이루는 것으로, 정적이고 안정되고 아름답게 보이게 하는 가장 중요한 원리이다. 헤어스타일에 있어 균형이 잘 이루어지지 않으면 어색하게 표현될 수도 있다. 거울을 통해 보듯이 양쪽을 똑같이 배치하는 대칭 균형은 권위적이며 형식적인 느낌을 준다.

비대칭 균형은 형태나 구성은 다르나 시각적 무게를 같게 하는 것으로, 활동적이고 융통성이 있으며 자연스러운 느낌을 준다. 이 밖에도 한 점을 중심으로 하여 사방으로 대칭을 이루는 방사형 균형이 있다.

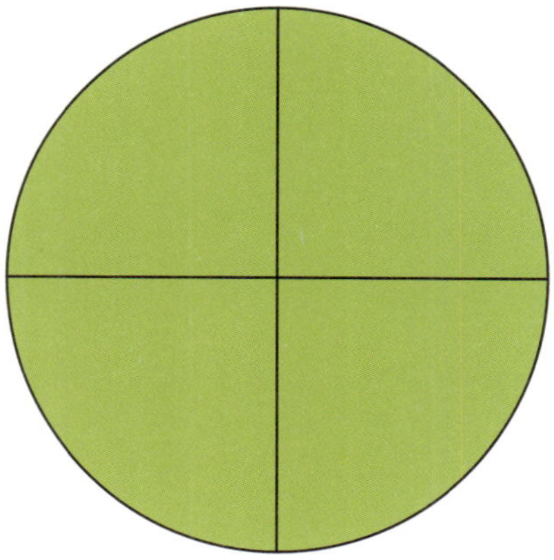

2 리듬 (Rhythm)

리듬은 연속적인 움직임이 있는 형태를 일컫는다. 즉, 퍼머와 같은 헤어스타일 시술에 있어 웨이브처럼 연속적인 표현이라든지 점점 커지거나 점차로 작아지는 등의 연속적이고, 반복되는 표현을 말한다.

3 조화 (Harmony)

조화는 서로 유사한 것을 배열하여 그 공통성에서 질서를 찾아 통일성을 가지도록 하는 것이다. 헤어스타일에 있어 염 · 탈색 시술 시 위빙 같은 시술로 조화는 유사 조화와 대비 조화로 나눌 수 있다.

4 강조 (Emphasis)

강조는 사람의 관심을 집중시키는 초점을 형성하는 것으로 헤어스타일에 있어 포인트를 주며 장점을 더욱 극대화하고, 단점을 보완하기도 하며, 흥미를 불러일으키고 통일을 얻을 수 있다. 그러나 강조가 지나치면 피곤해질 수 있으므로 주의한다.

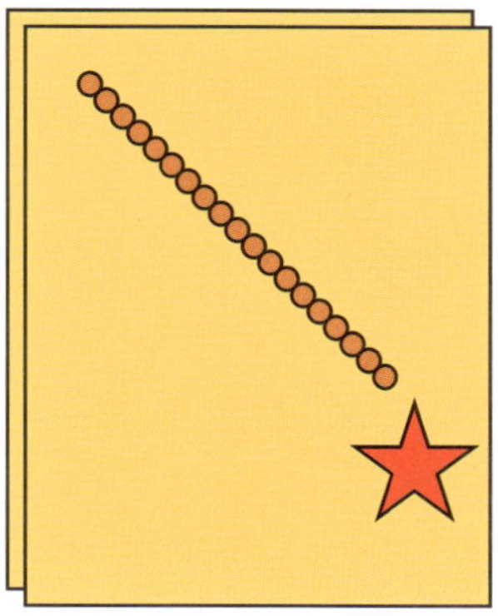

5 통일 (Unity)

형태의 구성 원리 중 가장 핵심이 되는 요소로서 형태의 균형, 비례, 리듬, 강조가 어떻게 구성되었느냐에 따라 얻게 된다. 또한 부분과 부분, 부분과 전체 사이에 질서를 주는 유기적 조화를 말한다. 이는 전체가 부분보다 두드러져 보여야 하며 각각의 요소들을 따로 분리시켜 보기 이전에 전체적인 것을 먼저 볼 수 있도록 해야 하며 이러한 통일성을 가질 때 조화적 형태, 선, 그리고 질감이 공통적 속성이 있다. 또한 어떤 디자인에 있어서의 한 요소를 반복함으로써 얻어질 수 있으며 이러한 노력은 모든 요소를 똑같게 만들어 정형화시키기 위한 것이 아니라 디자인에서 전하고자 하는 이미지를 명확하고도 효과적으로 전달하기 위한 것이다. 그러나 너무 통일에만 치우치다 보면 단조로울 수 있으므로 적절한 조화가 필요하다.

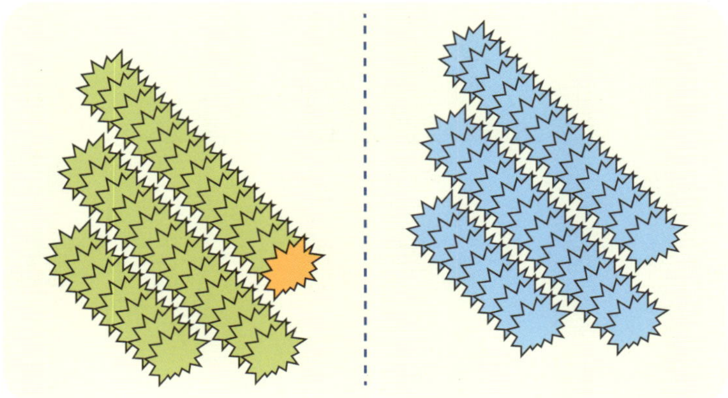

6 비례 (Proportion)

비례는 부분과 부분 또는 부분과 전체의 관계를 말한다. 특히, 헤어스타일에 있어 두상, 얼굴형, 신체 등과의 관계에서 적절한 비례가 이루어져야 스타일의 안정감과 친근감을 느낄 수 있다.

7 대비 (Contrast)

스타일을 구성하는 요소들 사이에 반대되는 성질을 배치시켜 긴장감을 자아내거나 극적인 효과를 얻는 것으로 헤어스타일에 있어 대비를 줌으로써 단조로움에서 벗어나 스타일에 따라 개성을 표현할 수 있다. 서로 다른 조합에 의해서 생기는 시각상의 표현의 강약에 따른 형의 감정 효과라 할 수 있다. 유형으로는 형태의 대비, 색채의 대비, 질감의 대비, 방향의 대비, 위치의 대비, 공간의 대비, 중량감의 대비 등이 있다.

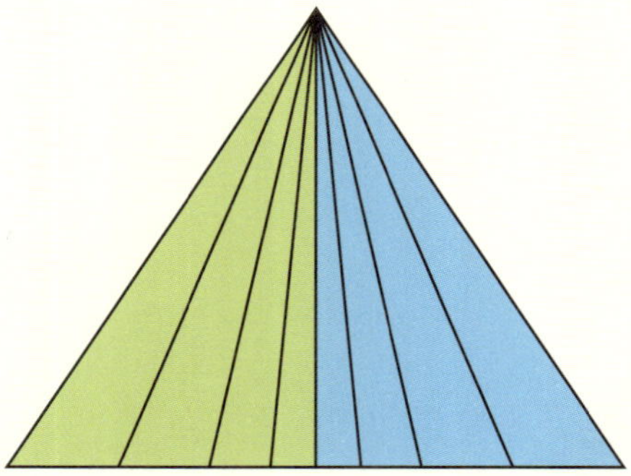

8 반복 (Repetition)

반복은 동일한 요소나 대상 등을 두 개 이상 배열시켜 시선 이동을 유도하여 동적인 느낌을 줌으로써 율동감을 느끼게 하는 것이다. 이러한 반복은 대상의 의미를 강조하는 수단으로 사용되기도 한다.

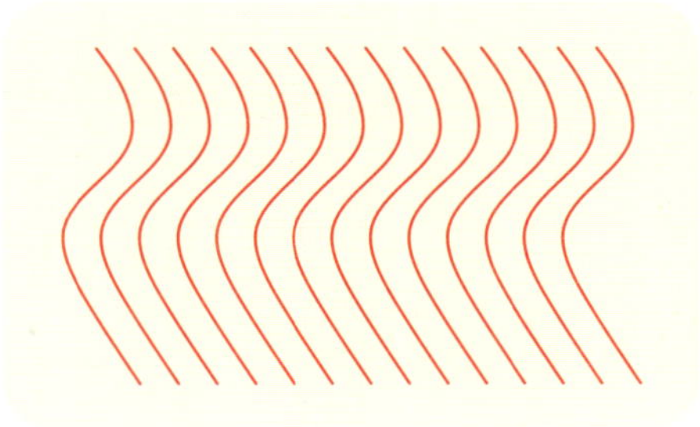

03 헤어스타일의 표현에 관한 요소

헤어 디자인은 두상, 머릿결, 모발 색상을 조화롭게 표현하는 것이 우선이다. 이러한 기본 요소들을 이해하고 헤어스타일에 잘 적용하여 고객이 원하는 새로운 헤어 디자인을 표현할 수 있다.

1 두상

두상이란 머리의 외곽선, 실루엣을 의미하는데 머리의 길이, 부피감 등의 그 모양을 좌우하며 두상에 따라 모발의 길이와 형태의 변화를 줄 수 있다.

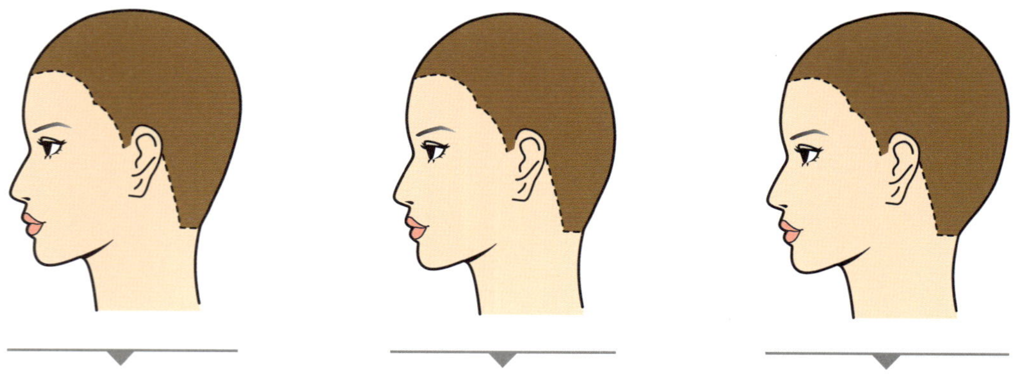

이상적인 두상 / 납작한 두상 / 돌출된 두상

2 머리 길이와 형태

모발의 길이에 의한 롱 헤어, 미듐 헤어, 쇼트 헤어스타일 등이 있고, 모발의 형태에 따라 직선, 곡선 등이 조화를 이루어 헤어스타일의 전제적인 형을 구성한다.

쇼트 스타일

미듐 스타일

롱 스타일

3 머릿결

머릿결은 헤어스타일을 결정하는 중요한 요소로서 질감을 나타낸다. 머릿결에 따라 웨이브의 형태에 따른 질감, 직모 상태, 커트 방법, 헤어스타일링 테크닉 등에 의한 헤어스타일의 다양한 느낌이 표현된다.

경모 연모 파상모 축모 손상모

4 색상

머리카락은 멜라닌색소에 의한 고유의 자연색상이 있으며, 염모제와 같은 인공적인 색소로 원하는 색을 모발에 표현할 수 있다. 최근에는 염모제의 발달과 개성을 중시하는 문화로 인해 헤어스타일에 있어 색상의 영향이 다양하게 작용하고 있으며, 헤어스타일의 질감도 색상의 영향을 많이 받는다.

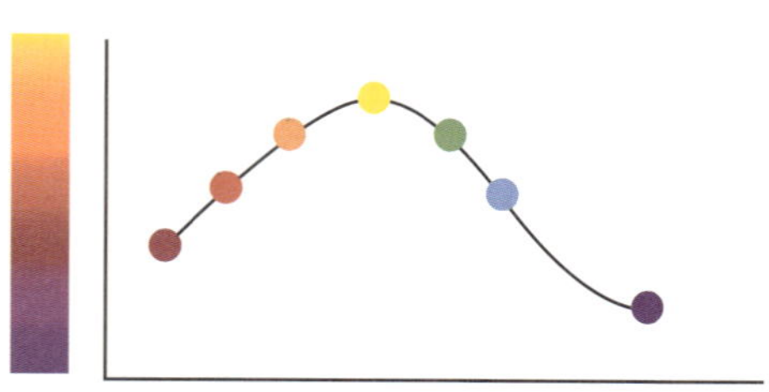

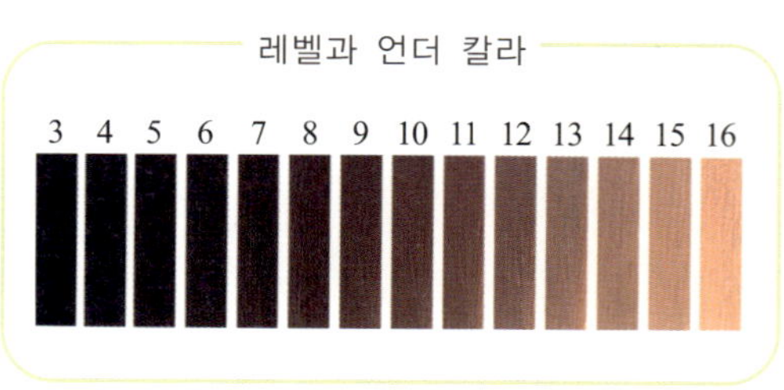

5 목의 길이

목의 길이와 굵기도 헤어스타일을 결정하는데 있어 중요한 부분이다. 목이 긴 고객은 머리를 부풀리면 우아하게 보이지만, 높이를 강조하는 스타일이나 짧은 스타일은 목을 노출시키는 효과를 가져와 좋지 않다. 반면 목이 짧은 고객은 전체적으로 너무 많은 볼륨(양감)을 주는 스타일은 피하고, 높이를 강조함으로써 목이 길어 보이게 하는 것이 좋다. 긴 머리를 유지하고 싶어 하는 고객은 머리를 묶어 올리는 스타일로 세미 업스타일 등이 무난하다. 목이 짧은 경우 머리 길이가 턱 부분에서 끝나거나 턱 아래로 길게 내려가지 않도록 주의한다.

긴 목에 적합한 스타일

긴 목에 부적합한 스타일

굵은 목에 적합한 스타일

굵은 목에 부적합한 스타일

6 얼굴 형태

둥근형
둥근형의 얼굴은 프렌지(앞머리)나 탑(정수리) 부분에 머리를 높여 주어 둥근형이 전체적으로 길어 보이게 한다. 비대칭 디자인은 얼굴의 둥근 느낌을 감소시켜 줄 수 있다.

긴형
긴형의 얼굴은 둥근형의 디자인과 다르게 디자인 시 길어보이는 것이 조금은 넓이를 강조하여 달걀형으로 보이게 변화를 준다. 톱(정수리) 부분이 좁고 강조된 스타일이면, 스타일의 높이를 강조하지 말고 옆으로 볼륨을 주어 비례가 맞도록 해야 한다.

타원형(달걀형)
달걀형은 가장 이상적인 얼굴형으로 헤어디자인에 있어 스타일에 가장 적합한 형이다. 달걀형은 개인의 직업, 환경, 선호하는 스타일 등에 따라 다양하게 디자인할 수 있다.

둥근형

긴형

타원형

사각형

사각형은 각이 져 보이므로 탑(정수리)을 강조하는 디자인과 각진 부분을 웨이브나 커트선 등으로 얼굴형을 감싸주어 각진 부분이 보이지 않도록 하는 것이 좋다.

삼각형

좁은 이마와 넓은 턱선을 가진 얼굴은 좁은 이마 부위를 풍성하게 보이도록 하여 상대적으로 턱 부분이 갸름하게 보이게 한다. 턱 위쪽에서 볼륨감을 준 웨이브 스타일이 좋고 넓은 턱 부분은 턱을 감싸는 스타일이 좋다.

역삼각형

역삼각형 얼굴은 이마 부위가 넓고, 턱 부분이 너무 좁은 형의 얼굴이다. 이러한 스타일은 이마 부위를 갸름하게 하고, 좁은 턱 부위를 볼륨감을 주어 넓어 보이게 하는 스타일이 좋다.

사각형

삼각형

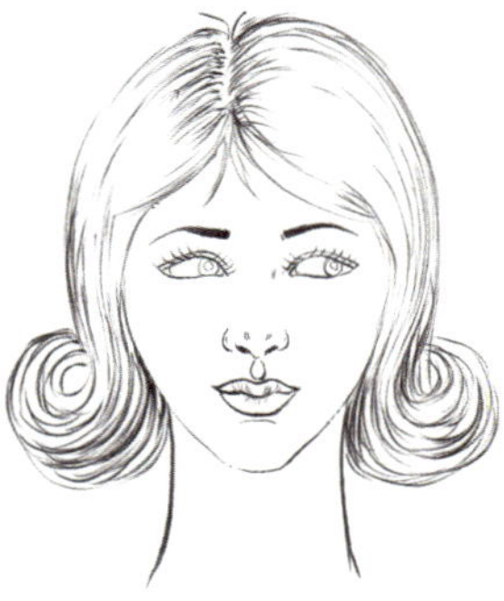

역삼각형

7 기타 얼굴형의 특징

고객의 헤어스타일을 결정할 때는 얼굴의 한 부분만을 생각하지 말고, 전체적이고 각각의 부수적인 부분들이 가지는 특징들을 고려해야 한다.

볼록형(convex)

얼굴 옆모습이 볼록하게 돌출된 형태는 경사진 이마와 턱으로 인하여 목과 경계가 있다. 이러한 특징이 돌출된 코의 모양을 강조하므로 웨이브를 가지게 하거나 앞머리에 볼륨을 주는 스타일이 적합하며, 머리를 뒤로 넘겨 탑(정수리) 부위에 묶는 스타일은 앞을 더 강조하게 되므로 피한다.

오목형(concave)

넓고 둥근 모양의 이마와 돌출된 턱을 가진 형이다. 이러한 형은 코를 더 돋보이게 강조하거나 정수리 부분에 높이를 강조하고, 머리 길이가 귀 아래에서 끝이 나거나 양 옆에 볼륨을 주는 스타일이 적합하다. 이마를 강조하거나 이마를 드러내는 스타일, 턱 부분에서 끝나는 스타일은 이마와 턱을 더 강조하므로 피하는 것이 좋다.

볼록형

오목형

8 이마 모양

좁은 이마

좁은 이마를 가진 고객은 좁은 이마를 감추기 위해 높이를 더해 주는 스타일이 적합하고, 앞머리를 내리는 뱅스타일 등이 적합하다. 앞머리를 올리는 등의 이마를 드러내는 스타일은 피하는 것이 좋다.

넓은 이마

넓은 이마는 높이는 강조하지 않으면서 약간 비대칭적인 앞머리를 가진 스타일로 넓은 이마를 가려 주는 스타일이 적합하다. 뒤로 머리를 넘기는 스타일은 이마를 다 드러내는 스타일로 피하는 것이 좋다.

좁은 이마

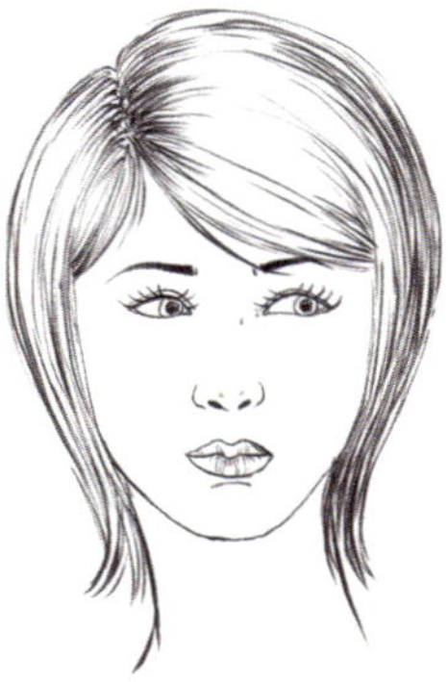

넓은 이마

04 헤어에 있어서의 디자인 요소

헤어스타일은 헤어디자이너가 고객의 머리 길이, 모발 질감, 색상을 조화롭게 표현하는 것이다. 헤어디자인의 요소를 이해하면 헤어스타일을 위한 디자인을 순서대로 체계를 잡고 디자인 분석을 통해 고객이 원하는 스타일로 표현할 수 있다.

1 반복 (Repetition)

헤어스타일에 있어 커트 시 동일한 베이스, 퍼머넌트 웨이브 시 동일한 로드의 크기, 염색 시 동일한 칼라 기법 등을 반복하여 시술하는 것을 말한다.

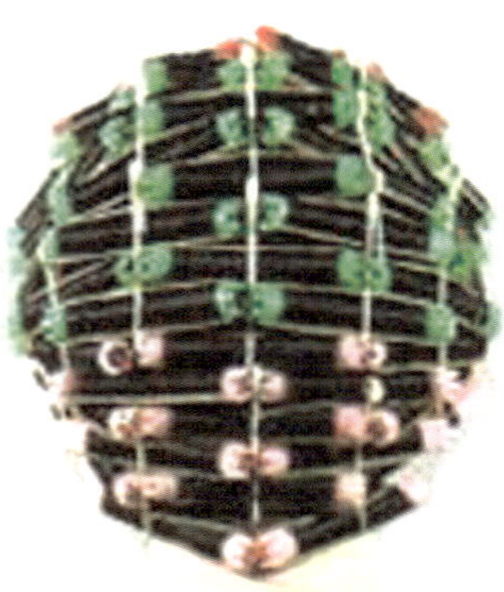

2 교대 (Alternation)

커트 시술 진행 시 베이스나 커트 선, 퍼머넌트 웨이브 와인딩 시술 시 컬의 형태 등이 둘 또는 그 이상의 요소들이 같은 패턴으로 반복되는 것을 말한다.

3 진행 (Progression)

헤어스타일에 있어 모든 요소들이 비슷하거나 일정한 비율로 이동할 때, 이 연속된 일련의 일정한 비율의 단계는 마지막 결과를 향해 증가 또는 감소된다. 예를 들어 레이어 커트 시 머리 길이의 증가 감소, 퍼머넌트 웨이브 시 다운프로젝션 형태, 염색 시 명도의 밝기 진행 등이 있다.

4 대조 (Contrast)

서로 반대 · 대조되는 요소들의 관계로 변화를 가져오며 헤어디자인에 흥미를 부여한다. 디자인의 대조, 칼라의 대조, 두상을 반으로 대칭되는 선으로 정중선을 기준으로 왼쪽 파트와 오른쪽 파트를 같은 분배로 나누는 스타일 등이 있다.

5 조화 (Harmony)

조화는 서로 비슷한 것을 배열하여 헤어의 전체적인 스타일에 있어서 공통성에서 일정한 질서를 찾아 통일성을 갖도록 하는 것이다. 조화는 유사 조화와 대비 조화로 나눌 수 있다.

6 균형 (Balance)

미적으로 만족스러운 요소들의 통합으로 대칭(공식적인 균형) 또는 비대칭(비공식적인 균형)이 될 수 있다.

대칭(Symmetry)

대칭은 정중선, 측중선과 같은 중심축의 양쪽으로 균일하게 디자인하는 것으로 커트선, 퍼머 웨이브, 모발 색상의 위치와 관련하여 크기와 모양, 색상에 균형을 이룬다. 대칭은 시각적인 무게에 의해 평형을 이루는 것으로, 안정되고 아름답게 보이게 하는 가장 중요한 원리이다. 거울을 통해 보듯이 양쪽을 똑같이 배치하는 대칭 균형은 권위적이며 형식적인 느낌을 준다.

비대칭(Asymmetry)

비대칭은 정중선, 측중선과 같은 축의 반대쪽과 불균등하게 균형을 이룬다. 비대칭은 또한 중심축을 벗어난 비슷한 단위와 함께 대칭의 결여로 만들어질 수 있다. 비대칭은 형태나 구성은 다르나 시각적 무게를 같게 하는 것으로, 동적이고 융통성이 있으며 자연스러운 느낌을 준다. 이 밖에도 한 점을 중심으로 하여 사방으로 대칭을 이루는 방사 균형이 있다.

대칭

비대칭

7 강조 (Emphasis)

강조는 헤어스타일에 있어 어느 한 부분을 강조함으로써 전체적인 이미지를 균형 있게 하거나, 취약한 부분으로 시선이 가는 것을 방지하는 효과를 줄 수 있다. 그러나 강조가 너무 지나치면 오히려 역효과를 보는 경우도 있으니 주의해야 한다.

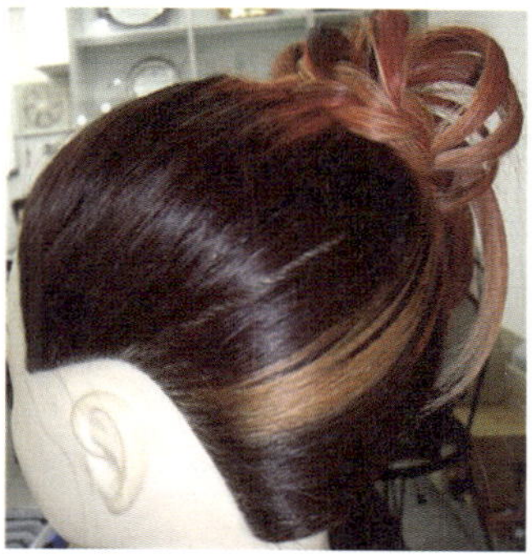

8 비례 (Proportion)

비례는 부분과 부분 또는 부분과 전체의 관계를 말한다. 헤어스타일에 있어서 얼굴형의 크기와 전체적인 헤어스타일과의 비례, 얼굴형의 길이와 커트선 길이와의 비례, 이마와 가르마의 위치와의 비례 등이 있다.

모난 얼굴형
8 : 2(눈꼬리를 기준)

둥근 얼굴형
4 : 6(눈썹 안쪽을 기준)

긴 얼굴형
7 : 3(안구의 중심을 기준)

05 헤어스타일의 결정 시 고려할 사항

헤어스타일은 두상 모양, 얼굴형, 목의 길이, 햄라인 형, 턱 모양, 옆모습, 코의 모양, 옷차림, 생활양식, 직업 등의 사항들을 고려하여 고객이 원하는 스타일을 결정한다. 일단 헤어디자이너로서 최종적인 형태인 스타일을 창출하기 위해 헤어스타일의 질감과 모발 색을 결정하는 것으로 관찰하고 표현하는 것을 익히게 되면 고객을 위해 적절한 헤어스타일을 결정하는 테크닉을 익히게 된다. 고객이 만족하는 스타일을 디자인하기 위해서는 고객과의 상담을 통해 서로 디자인을 조율하는 것이 중요하다. 이러기 위해서는 정확한 관찰과 고객의 마음을 읽는 의사소통 능력이 있어야 하며, 이러한 의사소통을 통해 고객이 요구하는 스타일과 신체적 · 정서적인 면 등을 중시하면서 스타일을 디자인한다.

1 신체적인 면 (Physical)

고객이 미용실에 들어오면 헤어디자이너는 고객과 대화를 나누면서 고객의 얼굴형, 두상(head shape), 신체적인 면을 파악 및 평가하고 그 다음 시술 자리로 안내한 후 시진, 문진, 촉진 등을 통해 고객의 모발의 질감과 모량, 모발 색상, 모발의 흐름 상태 등 정확하게 모발의 특성을 파악한다.

전신 모습(Body shape type)

전신의 모습과 크기를 살펴보면 신장, 몸무게와 다른 신체의 부분들로 인해 전체적으로 알맞은 비율을 갖춘 헤어스타일에 질감, 양감의 차이를 이용해 균형을 줄 수 있다.

예 큰 키 : long hair style, 작은 키 : short hair style

얼굴 모양(Facial shape)

고객의 얼굴형과 이목구비(耳目口鼻)를 자세하게 관찰함으로써 적절한 머리 길이와 볼륨의 양, 질감 등의 위치를 결정할 수 있다. 얼굴형은 얼굴의 전체적인 외형뿐만 아니라 얼굴의 길이와 넓이를 포함한다.

목(Neck)

목의 경우는 예를 들어 짧은 목은 스타일에 있어 높이를 조절해 줌으로써 길게 보일 수 있다. 긴 목은 길고 가는 목둘레의 폭을 조절함으로써 헤어스타일에 안정감을 줄 수 있다.

어깨(Shoulders)

고객의 어깨 넓이와 모양에 주의하여야 한다. 넓은 어깨는 롱 헤어스타일로 좁게 보일 수 있으며, 좁은 어깨는 좁고 경사진 어깨로 적절한 디자인 선택으로 더 넓게 보이게 할 수 있다.

2 정서적인 면 (Emotional)

먼저 고객을 전체적으로 관찰(observation)하고 디자인을 연출하기 위해서는 고객이 원하는 것이 무엇인지를 서로 대화를 통해 알 수 있어야 한다. 고객의 모습에 따른 생활양식과 성격, 고객 자신의 모발에 대한 선호 정도를 의미한다.

3 기술적인 면 (Technical)

헤어디자이너는 고객의 개성에 맞도록 헤어스타일을 디자인하고 디자인된 스타일은 상담에 따른 대화와 고객의 외형적인 면의 분석에 따른 고객이 원하는 스타일을 디자인 한다.

4 스타일적인 면 (Style)

처음 방문한 고객은 고객의 현재 헤어스타일을 참고로 하여 디자인 할 스타일에 관하여 상담한 후 스타일을 결정한다.

06 헤어커트 시술

헤어커트 시술은 고객이 미용실을 방문하고 난 후부터 미용실을 나갈 때까지의 일련의 과정을 말한다.

① 고객의 헤어를 올바르게 커트하기 위해서는 많은 고객과의 상담 및 헤어디자이너의 자질과 기술이 필요하다. 커트에 입문하는 디자이너는 먼저 끈기와 인내를 가지고 커트의 기본부터 이해하고, 커트의 이론을 체계적으로 학습하여야 고객이 원하는 스타일을 디자인 할 수 있다.

② 고객의 헤어를 완벽하게 커트하기 위해서는 고객의 모발을 커트하기 전에 먼저 고객과의 대화가 필요하다. 고객이 미용실에 방문하면 주의해서 고객의 모든 표정을 관찰한다. 그리고 전문가의 눈으로 고객의 스타일과 상태를 관찰해야 한다.

③ 커트에 들어가기 전에 샴푸와 컨디셔너 등으로 고객의 모발을 커트하기 편하도록, 모발의 손상이 덜 하도록 모발의 상태를 유지한다. 커트는 스타일과 커트 기법에 따라 모발이 젖은 상태 또는 마른 상태에서 커트를 시작한다.

④ 고객과의 대화와 전문가로서의 관찰로 헤어스타일이 결정되면 시술을 시작한다. 이때 모발의 길이, 커트 도구, 베이스, 섹션, 커트 각도, 커트 기법 등이 이미 결정되어야 한다. 염색 또는 퍼머 시술을 같이 할 시에는 염색할 부분과 색상, 퍼머의 컬 형 등을 고려한다.

⑤ 커트 시술이 디자인에 의해 스타일이 완성되면 모발을 샴푸한다. 모발의 손상이 심하면 트리트먼트 등을 사용한다.

⑥ 고객이 시술 의자에 앉으면 드라이기로 모발을 고루 고루 잘 말리고, 드라이기와 롤, 브러쉬 등을 이용하여 커트스타일에 맞는 마무리를 한다. 이때 고객이 요구하면 수정커트를 할 수 있다.

memo

BASIC CUT

CHAPTER 02

커트도구

01 가위 구조 및 사용법

1 가위 (Cutting scissors)

모발을 커트하는데 가장 많이 사용되는 주요 도구이다. 가위 길이가 4~7인치까지로 종류는 다양하다. 길이가 짧을수록 섬세한 커트를 할 수 있고 길수록 빠르게 시술할 수 있다.

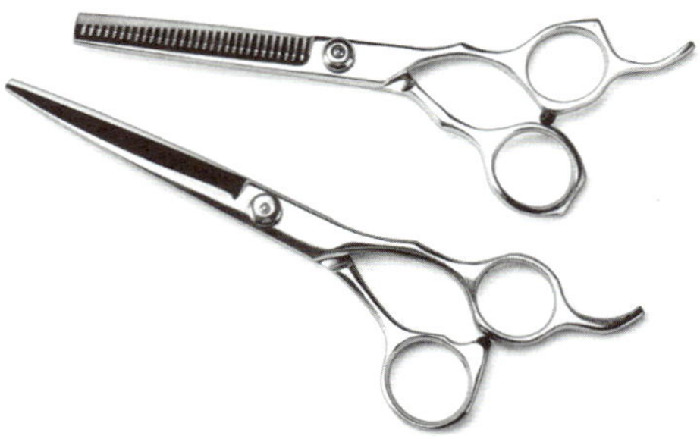

커트 가위와 틴닝 가위

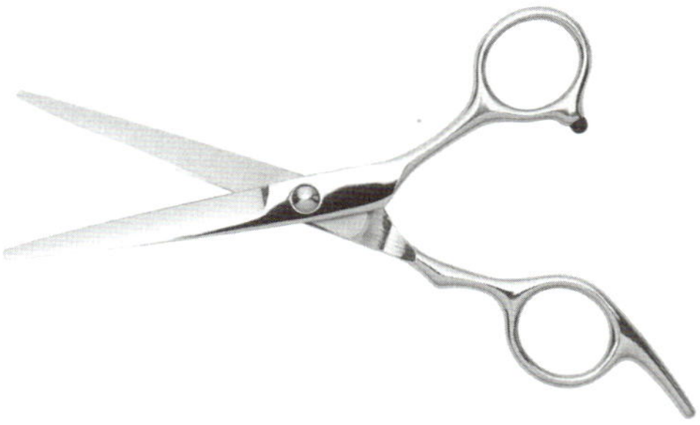

커트 장 가위

2 미용가위의 종류

커트용 가위

모발의 길이를 자르고 커트 선을 정리하는데 사용한다.

틴닝(숱) 가위

모발의 양을 조절하여 헤어스타일의 질감을 표현한다.

리버스 가위

레이저 날을 끼워 사용하는 가위이다.

가위의 종류	
일반 커트 가위 (Cutting Scissors)	• 모발 길이를 커트하고 정리하는데 사용한다. • 정날, 동날이 동일하게 매끄럽고 날카롭다.
틴닝 가위 (Thinning Scissors)	모발의 숱을 감소시키거나 모발 끝을 부드럽게 질감 표현하고자 할 때 사용한다. (한쪽 날은 톱니 모양, 한쪽은 일반 가위날)
미니 가위 (Mini Scissors)	4~5.5인치까지의 길이에 속하는 것으로 정밀한 블런트 커트와 빠른 가위 테크닉을 표현하고자 할 때 사용한다.
곡선 날 가위 (R-Scissors)	가위의 날은 직선이지만 가위 날의 끝이 곡선으로 굽어져 있는 가위로 스트록 커트에 좋으며 프런트, 네이프, 사이드 등의 세밀한 부분 수정이나 두발 끝 커트에 효과적이다.
리버스 가위 (Riverse Scissors)	레이저와 가위의 이중효과를 목적으로 만들어진 가위로 한쪽 날은 레이저로 되어 있다. 모발 끝을 가볍게 하는 커트 시 용이하다.

3 생산 방식에 의한 분류

주물가위
가위 모양의 틀(몰드)에 쇳물을 부어서 만든 가위이다.

단조가위
대장간 방식으로 쇠를 달구어 해머 등으로 두들겨 만든 가위이다.

포징가위
쇠를 젤 상태로 만들어 가위 모양의 틀을 이용한다.

연마가위
철판을 연마하여 만든 가위이다.

4 일반 커트 가위

직선형 가위와 곡선형 가위가 있다. 날의 길이에 따라서 긴 날 가위와 짧은 날 가위로 구분된다. 가위는 커트 시술을 하는데 있어 방해가 될 정도로 무게가 무겁거나 길이가 길지 않아야 하며 손의 크기에 맞는 가위를 선택해야 커트의 정확도와 속도 및 능률을 높이는데 도움이 된다.

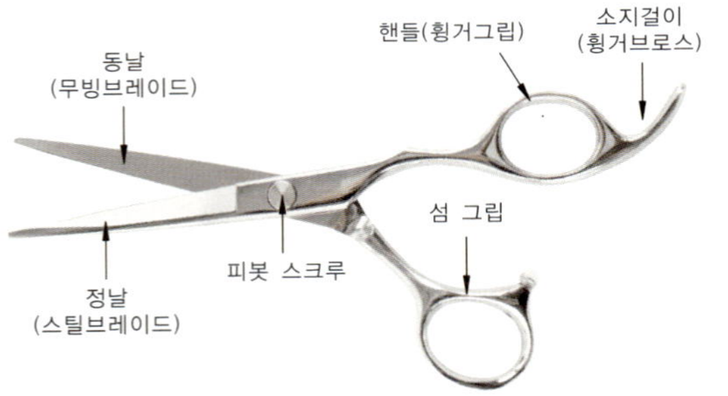

가위의 구조

왼손 가위

02 빗 (Comb)

1 커트 빗

커트용 빗은 얇고 견고한 소재로 고운살과 얼레살로 되어있다. 고운살은 정교하게 커트할 때 이용하는 것으로 섹션을 빗질할 때 사용하고, 얼레살은 반복 빗질과 모발을 가지런히 정돈하거나, 모량이 많을 때 또는 파팅을 할 때 사용한다. 빗을 선택할 때 전체적으로 빗살이 균등한 것이 좋으며 빗살 끝이 너무 뾰족하거나 무디지 않은 것이 좋다. 재질은 물, 기름, 열에 강한 것으로 빗의 허리 부분이 너무 매끄럽지 않은 것이 좋으며, 잘 부러지지 않아야 한다. 커트 시술 시 머리카락을 곱게 빗어 정리하거나, 모발을 세분하게 파팅, 섹션을 나누는 역할을 한다. 즉 빗살 끝으로는 두피에 접하여 모발을 나누는 역할을 하며, 빗살 간격은 일정한 것이 좋다.

빗의 구조

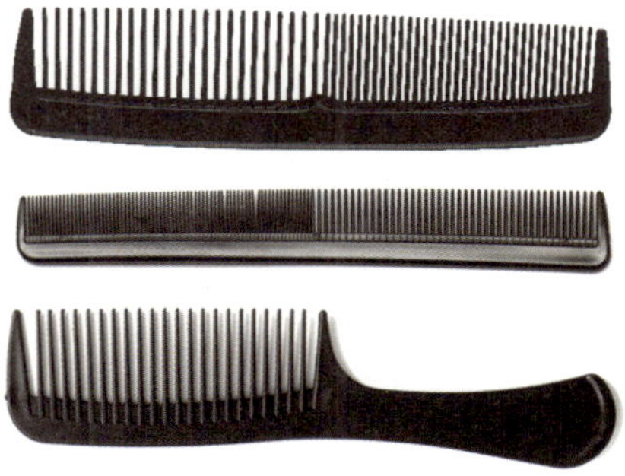
빗의 종류

커트 빗의 종류와 기능	
스타일링 빗	커트 시 가장 일반적으로 사용되며 스타일링 시 사용한다.
클리퍼 빗	클리퍼를 이용하여 네이프 부분, 짧은 부분 커트 시 사용한다.
이발용 빗	싱글링처럼 넓은 면적의 모발을 특별한 섹션을 나누지 않고 빗질이나 빗의 각도를 이용하여 커트 시 사용한다.

03 레이저 (Lazor)

레이저는 잡을 수 있도록 한 자루와 커트를 할 날로 구성되어 있다. 날에는 안전을 위해 보호대가 장착되어 있다. 보호대에는 요철이 있어서 볼록한 부분은 날이 직접 피부에 닿는 것을 막아 피부가 상처 나지 않도록 하며 오목한 부분은 날이 나와 있어서 커트 시 모발을 자를 수 있도록 되어 있다.
동양인의 모발은 모질이 강하고 두께가 두껍고 직모에 가까운 모발이다. 동양인의 헤어스타일은 블런트 커트를 하게 되면 조금은 무겁고 딱딱한 느낌이 표현된다. 이러한 무겁고 딱딱한 질감을 스타일링하여 가벼운 질감으로 표현하기 위해서 레이저를 사용한다. 보다 부드럽고 자연스러운 모발의 단면을 얻을 수 있는 중요한 질감을 낼 수 있는 기술이다.

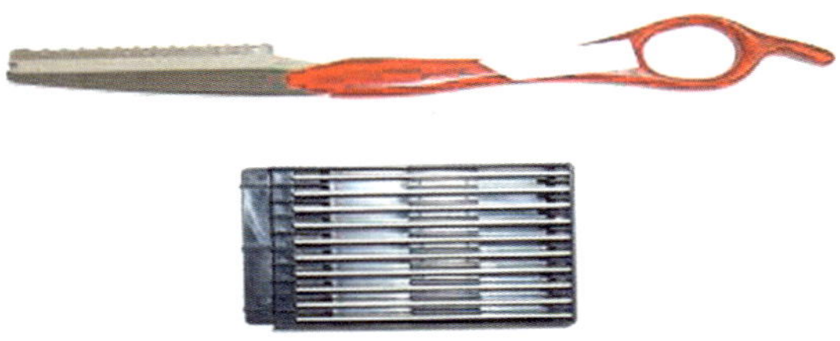

레이저와 날

1 레이저 커트의 특징

- 젖은 모발에 커트 시술하는 것에 따라 모발의 길이, 양, 머리 흐름에 대한 상태 파악, 상세한 기술의 표현이 가능하다.
- 모발을 테이퍼링 함에 따라 모발의 겹침에 변화가 생겨 부드럽고 가벼운 질감이 된다.
- 모발 끝의 질감 처리로 인해 가벼운 움직임을 자유자재로 낼 수 있다.

- 디자인상 불필요한 모발량을 제거한다.
- 시술 시 커트의 속도가 빨라 능률적일 수 있다.

2 커트 시 주의점

- 레이저 사용이 미숙한 디자이너는 필요한 모발량 이상으로 과도하게 커트할 위험성이 있다.
- 커트 시 모발의 잘린 단면적이 넓어서 모표피의 갈라짐과 모피질의 성분이 빠져 나와 모발이 손상되기 쉽다.
- 초보자는 기술적으로 사용하기 어려울 수 있다.

3 레이저 잡는 방법

내추럴 핸드

레이저의 기능을 살려 가장 자연스럽게 잡는 방법이다.

스틱 핸드

현재 많이 사용하고 있는 방법으로 안전 커버가 있는 스틱 타입의 레이저에는 이 방법이 기본으로 되어있다.

펜슬 핸드

글자 그대로 연필을 잡을 때와 같은 방법으로 잡는다. 모발 끝에서 약간의 움직임 등을 표현할 때 사용하는 방법이다.

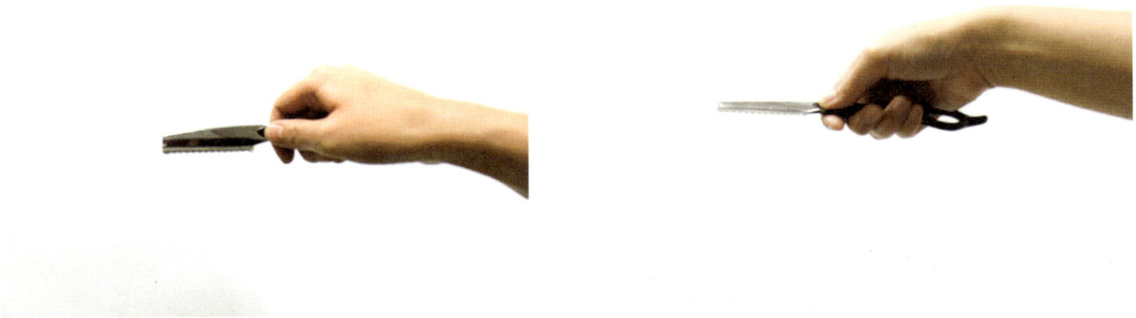

내추럴 핸드

스틱 핸드

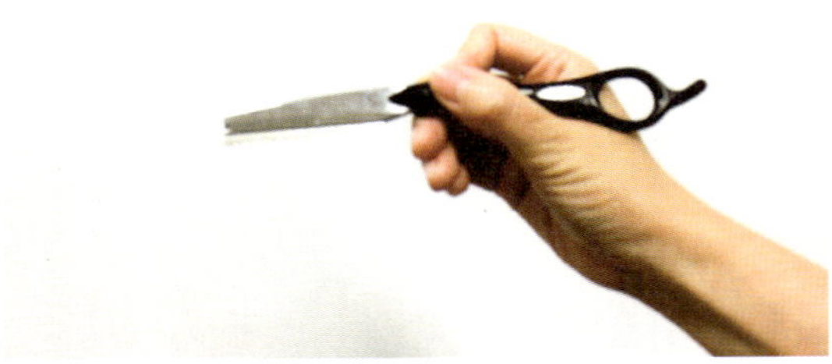

펜슬 핸드

레이저 잡는 방법

4 판넬(Panel)을 잡는 방법

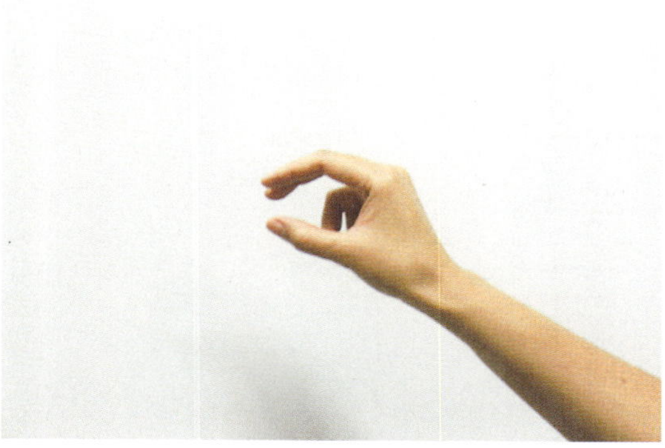

나쁜 예

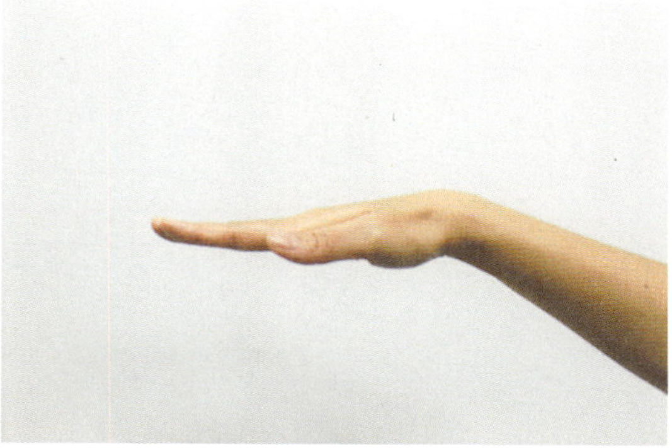

좋은 예

손가락이 휘어지게 판넬을 잡으면 레이저로 정확하게 커트하기 힘들다.

손가락을 똑바로 펴서 판넬을 잡아야 커트선이 정확한 커트가 가능하다.

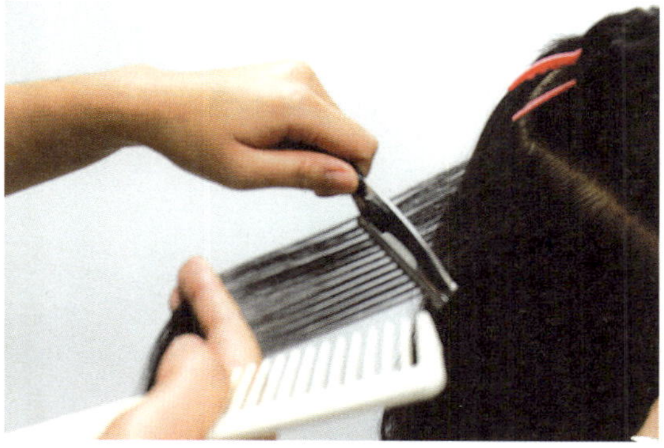

모발에 대한 레이저의 각도가 90°에 가까우면 모발이 많이 잘릴 수 있어 좋지 않다.

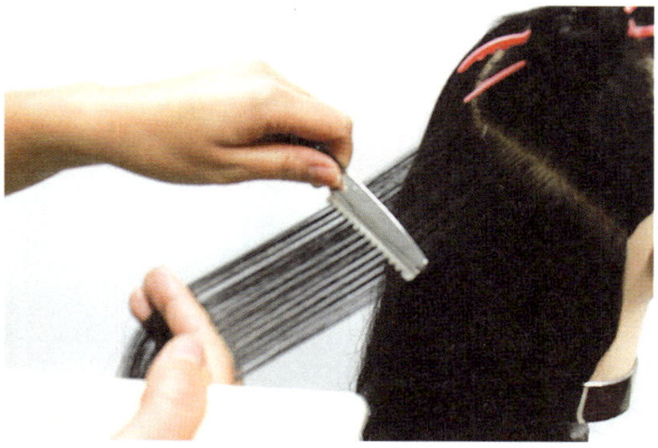

기본적으로 모발에 대한 레이저의 각도는 15°가 이상적이다. 테이퍼링에 따라 각도는 약간 올라간다. 레이저의 각도가 30°를 넘으면 모발의 표면에 손상을 입힌다.

모발에 들어가는 레이저의 각도

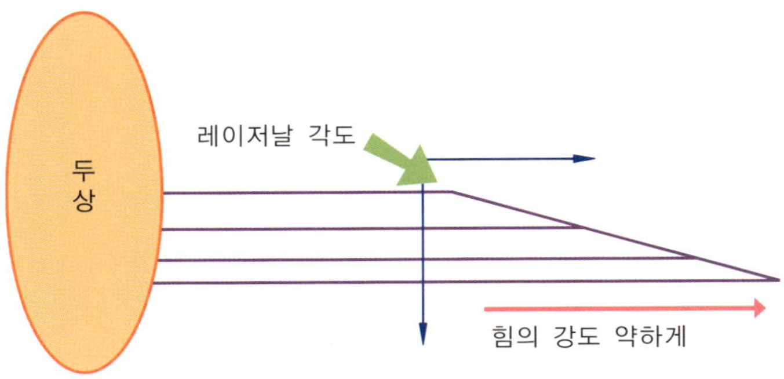

가위와 레이저의 커트 특징 비교

가위 커트(blunt cut의 특징)	레이저 커트(tapering의 특징)
1. 커트된 모발 단면이 좁고, 단면이 깨끗하게 잘린다. (무거움이 강조된다.) 2. 정확한 커트라인을 표현할 수 있다. 3. 오버랩된 판넬의 변화에 따라 정확한 디자인이 가능하다.	1. 모발의 양, 모발 흐름, 길이를 동시에 조절할 수 있다. 2. 모발의 커트 단면이 넓어 가위로 커트한 경우보다 쉽게 모발이 손상될 수 있다. (모발 끝이 갈라지기 쉽다.) 3. 테이퍼링하는 부분의 모발량에 따라 여러 가지 질감, 움직임과 방향을 만들어낸다. (커트라인이 가볍다.)

5 레이저를 사용하는 테크닉

테이퍼링(Tapering)

모발 끝을 얇게 붓처럼 하는 방법이다.

바깥말음 커트하기(Outside taper cut)

레이저를 판넬의 표면에 대고 테이퍼링하는 기법으로 바깥의 모발 끝부분이 짧고 안쪽의 모발 끝부분이 길어서 머리형의 둥근면에 자연스럽게 바깥으로 말리게 표현된다.

안말음 커트하기(Inside taper cut)

레이저를 판넬의 안쪽 부분에 넣어서 테이퍼링하는 방법으로 판넬의 윗부분이 바깥부분이 길어지고 판넬 안쪽 부분의 길이가 짧아져서 볼륨감을 얻을 수 있다.

오른쪽 방향(Right side direction)

방향성을 나타내기 위한 방법으로 원하는 방향으로 레이저를 움직여 모발의 흐름을 오른쪽으로 표현한다.

왼쪽 방향(Left side direction)

방향성을 나타내기 위한 방법으로 원하는 방향으로 레이저를 움직여 모발의 흐름을 왼쪽으로 표현한다.

길게 테이퍼링(Long tapering cut)

모발의 길이에서 2/3 부분부터 레이저 날을 넣어서(15° 정도) 가볍게 커트 테이퍼링 한다.

중간 테이퍼링(Medium tapering cut)

모발의 길이에서 1/2 지점부터 끝 방향으로 테이퍼링하는 것이다.

짧은 테이퍼링(Short tapering cut)

모발의 길이에서 1/3 지점부터 끝 방향으로 테이퍼링하는 것이다.

테이퍼링

바깥 방향으로 커트하기(Outside taper cut)

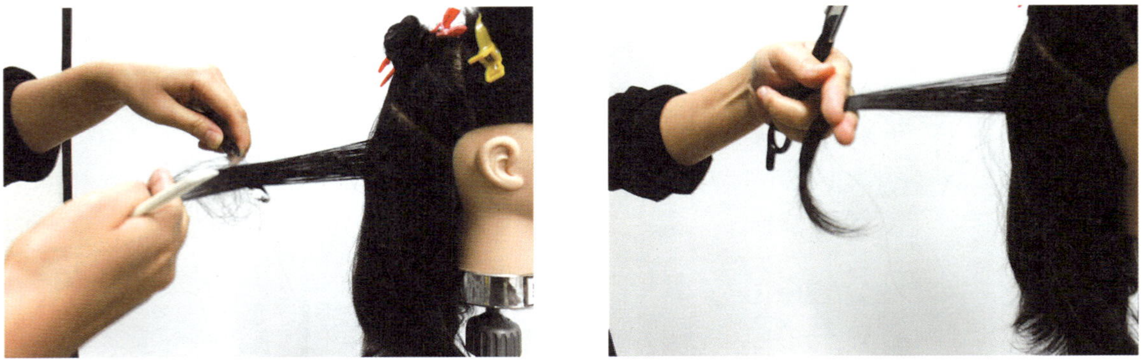

안말음 커트하기(Inside taper cut)

오른쪽 방향(Right side direction)의 표현

왼쪽 방향(Left side direction)의 표현

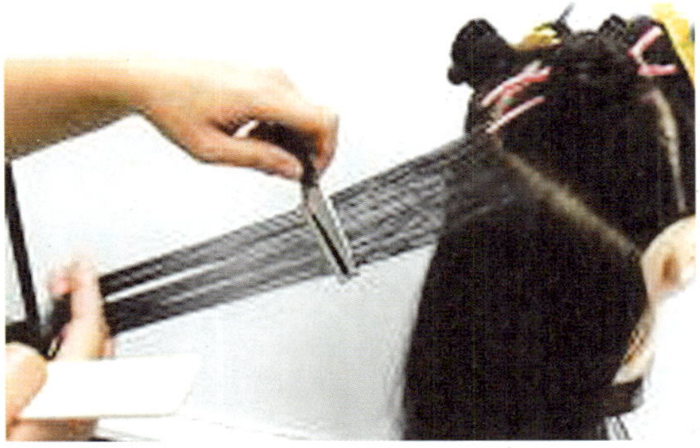

길게 테이퍼링(long tapering cut)

중간 테이퍼링(Medium tapering cut)

짧은 테이퍼링(short tapering cut)

6 레이저 커트와 일반 커트에 의한 질감 표현

일반 커트

레이저 커트

전두부의 질감 표현

일반 커트

레이저 커트

측두부의 질감 표현

일반 커트

레이저 커트

후두부의 질감 표현

04 클리퍼 (Clipper)

가위나 레이저와 마찬가지로 모발을 자르고 정돈하는데 사용되는 도구이다. 1871년 프랑스 기계제작자 바리깡에 의해 발명되어 일본을 통해 우리나라에 전해져 현재까지 사용되고 있다. 짧은 모발을 커트할 경우, 특히 남성커트 시술 시 주로 많이 사용되며 미세한 부분의 커트 시 적합하다. 과거에는 수동식을 주로 사용하였으나 지금은 전기를 이용한 전동식을 주로 사용한다. 모발뿐만 아니라 눈썹 등을 다듬는 클리퍼도 있다. 다른 헤어커트 도구에 비해 마모되기 쉬운 도구 중에 하나이므로 시술 후 물기와 모발을 닦아내고 기름칠을 해서 잘 보관하여야 한다.
작고 날카로운 톱니를 가진 윗날과 아랫날로 구성되어 있고, 윗날은 좌우로 교차하면서 머리카락을 자르며 아랫날은 전기의 동력을 이용하여 서로 고정되어 있다.
고정된 날과 동날의 거리가 짧을수록 머리카락은 짧게 잘리고, 거리가 멀수록 길게 잘린다.

05 클립 (핀셋)

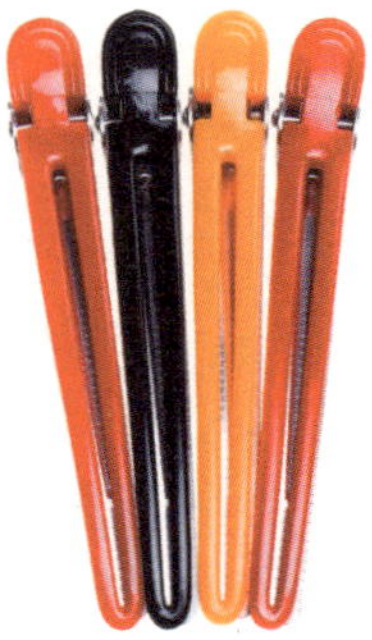

파팅이나 섹션을 나눈 후 머리카락을 고정시키는 역할을 한다.

06 기타

1 분무기

커트 시술 시 젖은 모발을 커트할 때 시술 중간중간 모발에 분무하는 도구이다.

2 민두, 홀더

민두는 가발(위그)을 씌울 수 있도록 두상의 형태로 만들어 놓은 것이다. 홀더는 민두를 책상 등에 고정시키는 역할을 한다.

민두

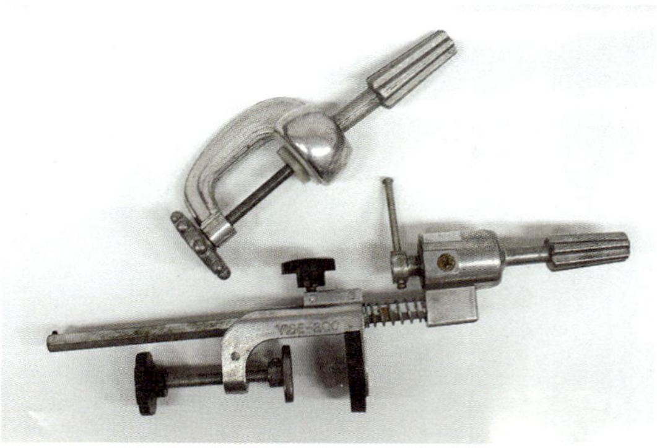

홀더

3 가발 (위그)

가발은 실제 사람의 머리카락으로 연습할 수 없는 경우 대신하여 커트 연습, 파마 연습, 염 · 탈색 연습 등을 할 수 있게 만든 것이다. 인조모보다 인모의 모량이 많을수록 좋은 가발이다.
가발에는 민두에 덮어씌우는 덧가발과 민두에 머리카락이 심어져 있는 일명 통가발이라 불리는 가발이 있다.

덧 가발

통 가발

4 커트보

커트 시술 시 잘린 모발이 고객의 옷이나 목 등에 묻지 않도록 하는 도구이다.

5 스폰지

잘린 머리카락을 털어내는 역할을 한다.

BASIC CUT

CHAPTER 03

커 트 자 세

원하는 헤어스타일에 맞게 정확하게 커트하기 위해 필요한 것이 바른 커트 자세이다. 커트에 있어서 자세는 원하는 커트선을 정확한 위치에서 원하는 방향으로 커트를 진행하게 한다. 커트를 위한 기본 자세는 넓은 의미로 다음의 세 가지로 나누어 볼 수 있다.

첫째, 커트할 때 가위와 판넬과의 커트되는 위치에서의 자세이다.

둘째, 커트할 때 판넬 모발을 잡을 때 두상과의 각도, 베이스 섹션 등을 고려하여 잡는 자세이다.

셋째, 각각의 헤어스타일에 맞게 커트하는 자세, 이러한 올바른 자세를 통하여 정확한 커트선과 헤어스타일의 표현이 가능하게 된다.

평소 커트 연습 시 정확한 자세로 커트하는 것을 익혀 정확하고, 고객과 디자이너가 원하는 커트를 하도록 해야 한다.

01 커팅 자세 (Cutting Position)

1 기본적인 서 있는 자세

① 어깨 넓이만큼 다리를 벌리고, 허리를 바르게 펴고 선다.

② 왼발이든 오른발이든 커트 진행 방향으로 한 발을 반보 정도 앞에 둔다.

③ 커트 진행 시 두상이 둥글기 때문에 커트 시에도 스텝은 원을 그리며 옮겨 가면서 커트한다.

④ 왼손의 팔꿈치 자세에 주의한다. 커트하고자 하는 라인과 왼손의 손목이나 팔꿈치가 평행이 되게 자세를 취한다. 이때, 손목이 꺾이지 않도록 고정한다.

⑤ 커트선을 가능한 한 눈높이에 맞추어 커트한다. (커트선보다 눈높이가 아래에 있으면 오목한 커트선이 형성되며, 눈높이보다 위에 있으면 볼록한 커트선이 형성되므로 커트선에 눈높이를 맞추어 커트하도록 노력한다.)

⑥ 커트 시술 진행 시 섹션, 베이스, 각도 실루엣과 움직임을 체크해가며 커트를 진행한다.

2 두상의 위치와 섹션에 따른 자세

수평섹션 자세(호리젠탈 섹션 자세)

언더 섹션

① 발의 위치

발의 위치에 의해 커트 될 위치가 정해진다.
양발을 편안한 만큼 벌리고 오른발 또는 왼발을 뒤로 한 보 옮기면서 무릎을 꿇는다.
엉덩이를 세우고 허리를 곧게 편다.

② 손의 위치

가슴을 편다.
팔의 자세는 수평섹션에 맞게 수평으로 커트선과 동일한 위치에 둔다.
원랭스 커트 시에는 가위를 응용 가위 잡는 법으로 하고, 섹션을 잡은 손은 손바닥이 지면을 보도록 수평되게 한다.

미들섹션

① 발의 위치

발의 위치에 따라 커트 진행 방향이 결정된다.

양발을 어깨 폭 만큼 벌리고, 커트 진행 방향의 발을 반보 정도 앞으로 위치한다.

허리는 자연스럽게 구부리지 말고 곧게 세운다.

② 팔의 위치

어깨는 힘을 빼고 자연스럽게 평행을 유지한다.

각자의 가위 잡는 손과 판넬을 잡는 손이 다르기 때문에 한 손에는 판넬을 빗질하여 가지런히 잡고, 다른 손은 가위를 잡고 기본 커트 자세를 취한다.

커트 시 팔이나 상체가 움직이지 않도록 주의하면서 커트한다.

기본 가위 잡는 법으로 커트를 할 시에는 정날과 동날의 역할에 충실할 수 있도록 커트한다.

오버섹션

① 발의 위치

발의 위치는 미들섹션의 자세와 동일하다.

② 손의 위치

기본적인 자세는 미들섹션과 동일하나. 오버섹션 즉, 두정부(탑 부분, 크라운 부분) 커트 시 스타일과 두피 각도에 따라 판넬 잡는 법과 가위 잡는 법이 달라질 수 있다.

수직섹션 자세(버티컬 섹션 자세)

언더섹션

① 발의 위치

발의 위치는 수평섹션의 자세와 동일하다.

② 손의 위치

수직섹션이기 때문에 상체는 바르게 수직으로 유지한다.
판넬을 잡는 손은 시술자가 손바닥이 보이도록 판넬을 잡고, 잡을 때 손가락을 곱게 펴고 손바닥과는 편안한 각도를 유지한다.
가위 잡는 손은 기본 가위 잡는 법, 응용 가위 잡는 법으로 판넬의 상부에서 하부로 내려오면서 커트한다. 판넬 잡는 손과 커트 잡는 손은 움직임이 적어야 한다. 또한 판넬 잡는 손은 가능한 몸의 중심에 위치하도록 한다.

미들섹션

① 발의 위치

언더섹션의 자세와 동일하다.

② 손의 위치

언더섹션과 잡는 법은 동일하나, 미들부분을 커트할 시 판넬을 잡는 법은 손등에서 커트가 이루어지도록 잡는다. 이때 역시 판넬 잡은 손을 편안한 각도로 유지하면서 수직이 되도록 하며, 섹션과 베이스에 주의하면서 정확한 위치에 오도록 한다.

③ 몸 전체 자세

커트 진행 시 몸 전체가 좌우 한쪽으로 기울어지지 않도록 주의한다.

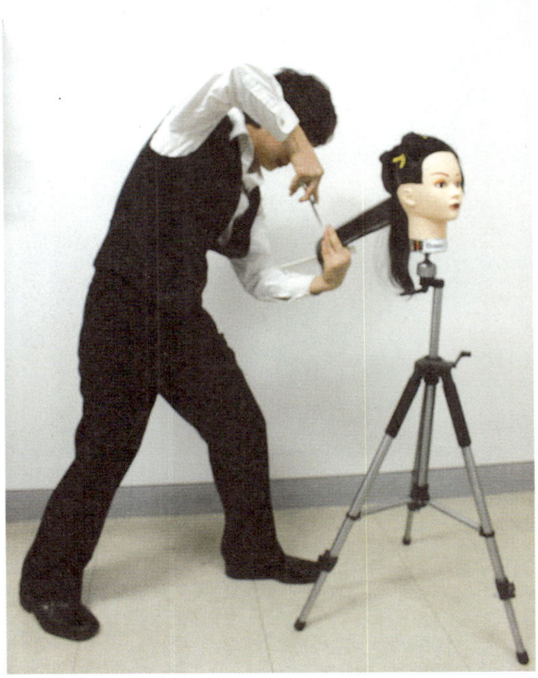

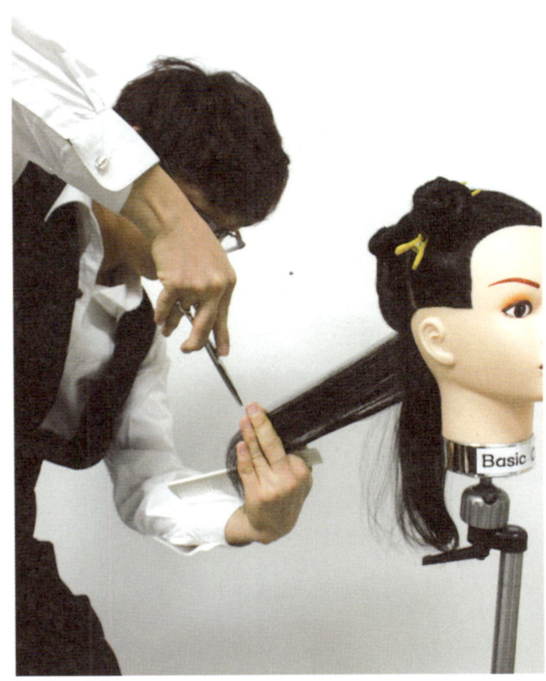

오버섹션

① 발의 위치

언더섹션의 자세와 동일하다.

② 손의 위치

수직섹션(버티컬섹션)에서 오버섹션을 커트 시에는 미들섹션과 마찬가지로 손등으로 판넬을 가지런히 잡고, 가위 잡는 법은 응용 가위 잡는 법을 주로 한다.

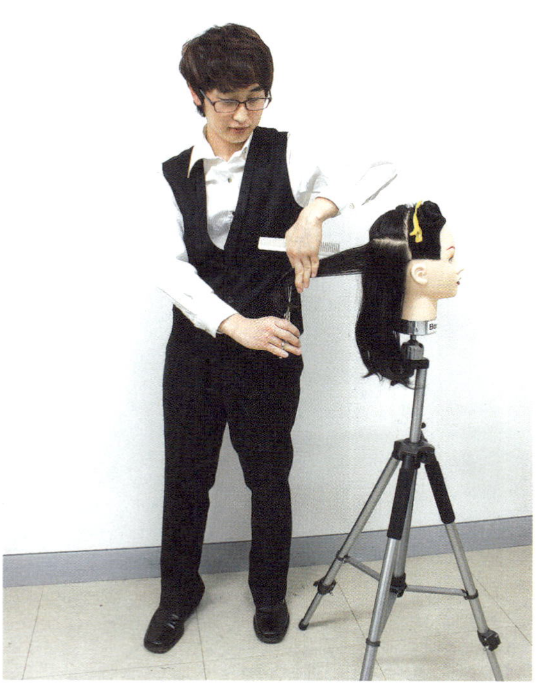

사선(대각선) 섹션 자세(다이에거널 섹션 자세)

언더, 미들, 오버섹션

① 발의 위치

기본적인 발의 위치는 수평섹션 자세와 동일하다.
커트되는 위치에 따라 무릎을 펴거나, 곧게 펴고 커트를 한다.

② 손의 위치

다이에거널 섹션에서는 판넬을 잡는 손은 손바닥 안에서 커트가 이루어지도록 잡고, 가위 잡는 법은 기본 가위 잡는 법으로 커트를 진행한다.
커트되는 위치에 따라 판넬 잡은 손의 팔꿈치와, 가위 잡은 팔의 팔꿈치가 커트선에 따라 수평이 되게 하며, 이로 인해 한쪽 팔꿈치가 들리기도 한다.

다이에거널(V 라인 섹션)

다이에거널 (A 라인 섹션)

02 판넬을 잡는 자세

원하는 헤어스타일을 정확하게 커트하기 위해서는 판넬을 잡는 자세가 중요하다. 판넬을 잡는 자세에 따라 커트선이 크게 달라질 수 있기 때문이다.

1 엘리베이션 (Elevation)

엘리베이션이란 커트를 할 때에 판넬 잡은 손이 두피로부터 들어지는 높이를 말하며, 모발을 들어 올린 각도에 따라 올리게 되면 가벼워지고, 내리게 되면 무거운 느낌을 결정한다. 이러한 엘리베이션은 두피 각도와 스타일에 따라 변화가 크므로 커트된 후의 스타일이 달라질 수 있어 주의해야 한다.

엘리베이션 자세

2 홀딩 앵글 (Holding angle)

홀딩 앵글이란 커트 시, 가이드가 되는 판넬 잡은 손가락이 모발에 취해지는 각도를 말하는데, 엘리베이션과 함께 커트선을 정하는 역할을 한다. 즉, 판넬 잡은 손가락이 어떤 각도로 모발을 잡고 있는가에 따라 원랭스, 그래쥬에이션, 레이어드의 커트선이 결정되므로 판넬 잡는 각도를 정확하게 하고 스타일에 맞게 커트할 수 있어야 한다.

홀딩 자세

memo

BASIC CUT

CHAPTER 04

커트이론 및 실습 I

01 두상 포인트 (Point, 점)

헤어디자인에 있어 두상의 포인트(점)는 커트 시술을 정확하게 할 수 있게 하는 가장 기본적인 요소로서, 두상의 포인트 위치를 정확하게 알아야 커트이론을 이해할 수 있고, 각 스타일마다 체계적인 커트 진행 또는 도해도(전개도) 등을 보고 스타일을 해석하면서 커트를 진행할 수 있다.

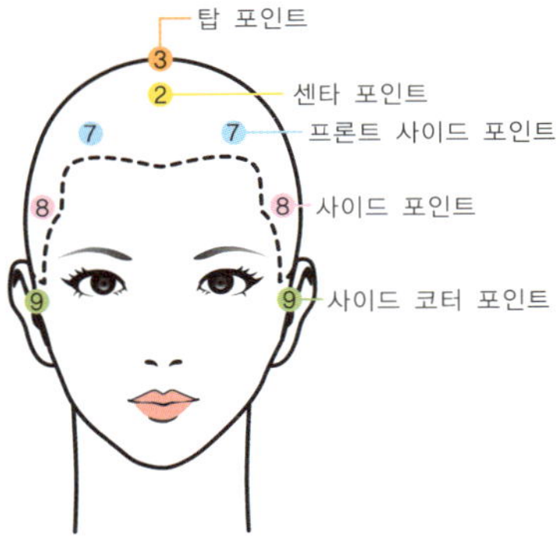

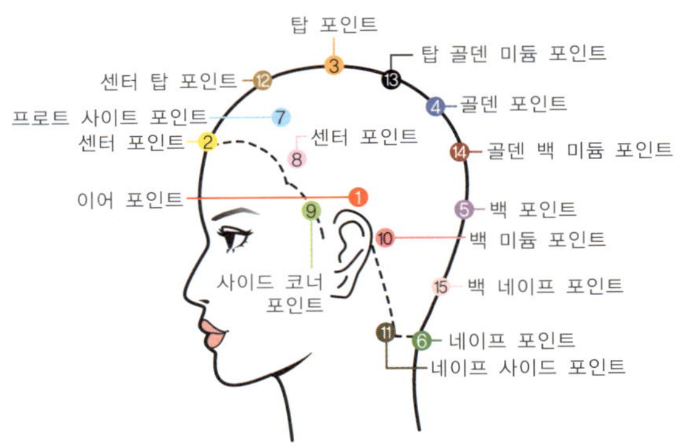

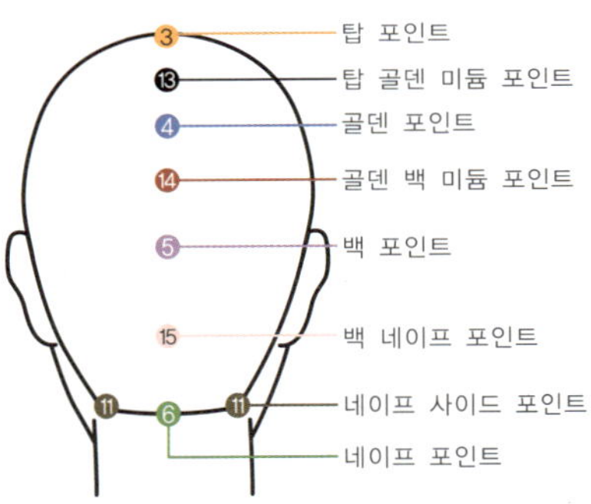

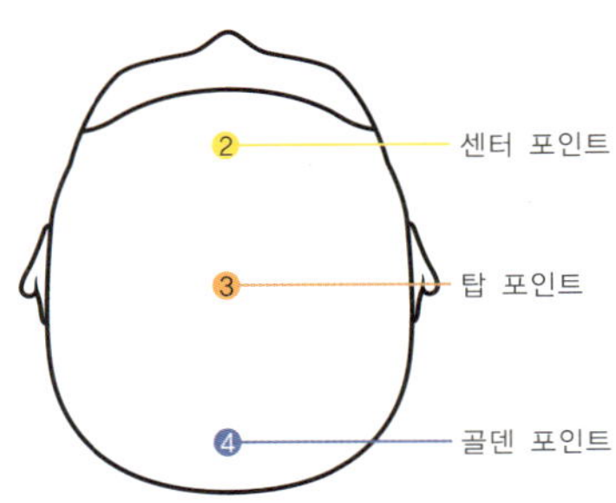

두상에 있어 포인트는 대개 정중선, 측중선, 햄라인을 따라 15가지 포인트가 있다.

① E · P (Ear Point)

② C · P (Center Point)

③ T · P (Top Point)

④ G · P (Golden Point)

⑤ B · P (Back Point)

⑥ N · P (Nape Point)

⑦ F · S · P (Front Side Point)

⑧ S · P (Side Point)

⑨ S · C · P (Side Corner Point)

⑩ E · B · P (Ear Back Point)

⑪ N · S · P (Nape Side Point)

⑫ C · T · M · P (Center Top Medium Point)

⑬ T · G · M · P (Top Golden Medium Point)

⑭ G · B · M · P (Golden Back Medium Point)

⑮ B · N · M · P (Back Nape Medium Point)

02 두상 포인트 그리기

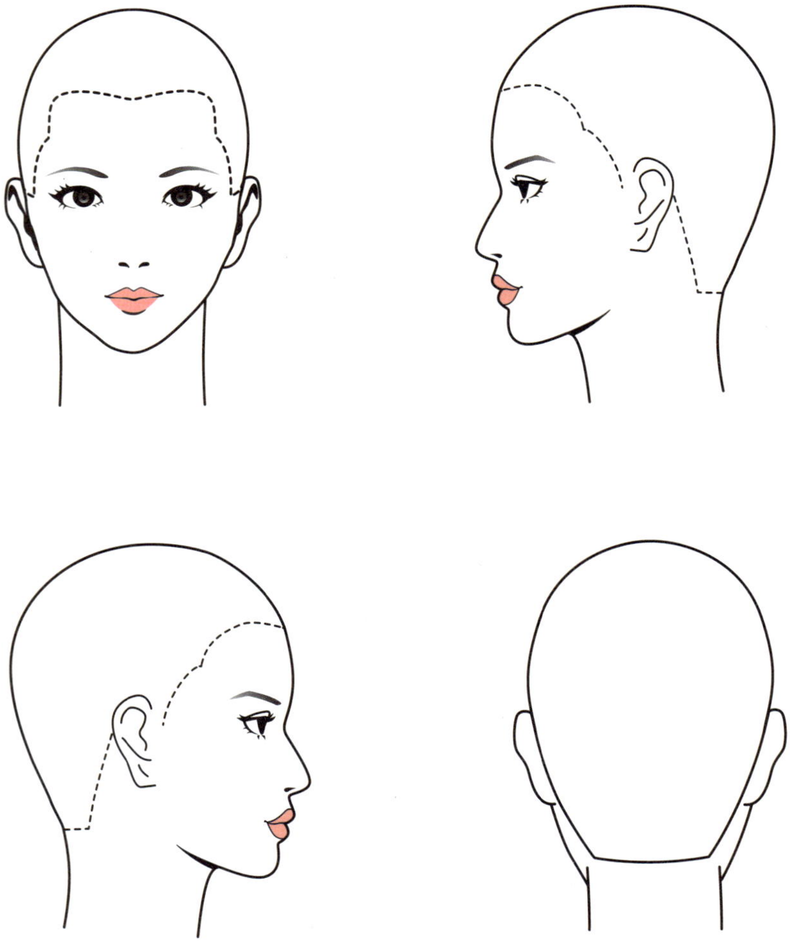

03 두상라인 (Line, 선)

헤어스타일에 있어 두상의 포인트와 포인트의 연결이 선이다. 두상의 위치에 따라 곡선, 직선이 생긴다. 이러한 선에 따라 커트, 염색, 퍼머 등의 시술을 하기 위해 파팅을 쉽게 나눌 수 있다.
두상에서 선은 머리가 나기 시작한 부분과 얼굴과의 경계인 햄라인과 그 구역을 세분화한 라인이 있고, 두상의 포인트와 포인트를 연결한 라인이 있다.

1 햄 기본라인

햄 라인(Hem line)

햄(Hem)은 "가장자리", "경계"라는 의미이다. 모발이 나기 시작한 부분과 나지 않은 부분의 경계선이다.

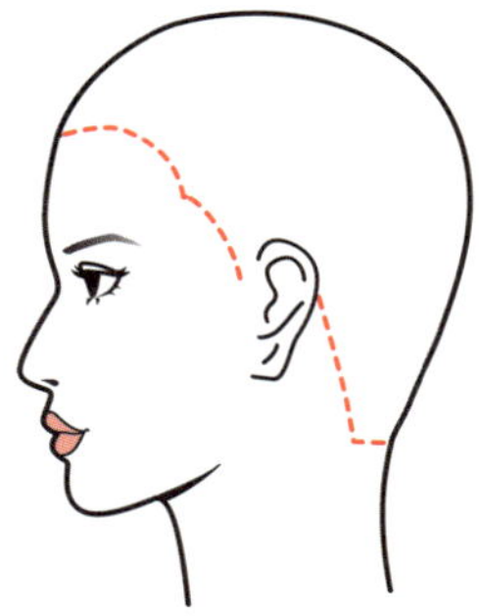

페이스 라인

얼굴을 정면으로 보았을 때 보이는 라인으로 센터포인트(C.P)에서 양쪽 사이드 코너 포인트(S.C.P)까지의 연결선을 말한다. 페이스라인 모발은 얼굴의 이미지에 영향을 준다.

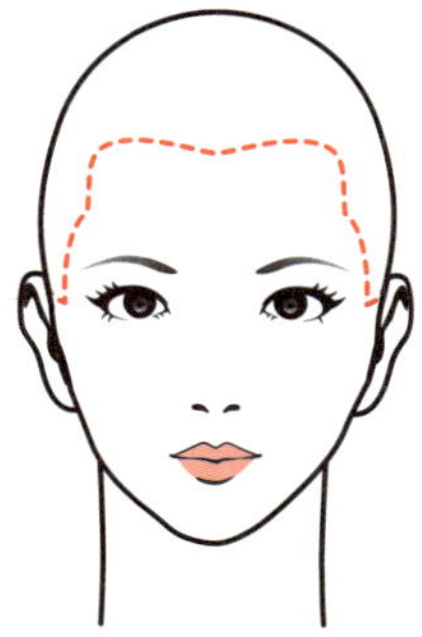

이어 라인

얼굴을 측면에서 보았을 때 사이드 코너 포인트(S.C.P)에서 이어 백 포인트(E.B.P)까지의 연결된 선이다. 이어 라인의 주변은 측중선을 기준으로 앞쪽 머리와 뒤쪽 머리를 연결하는 역할을 한다.

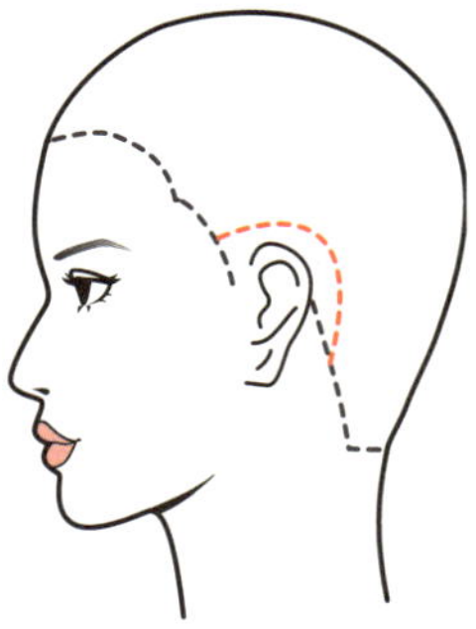

네이프 라인

두상을 뒤에서 보았을 때 이어 백 포인트에서 반대편 이어 백 포인트(e.B.P~e.B.P)까지 연결된 선이다. 네이프 라인 주변 모발은 모발의 기장과 후두부 헤어라인을 표현한다.

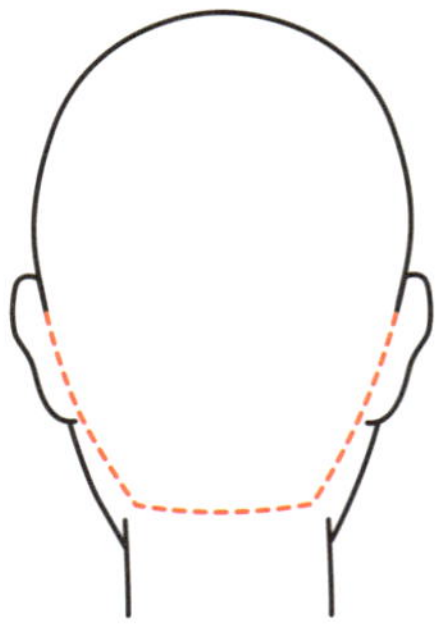

2 정중선 (센터라인)

코를 중심으로 두상을 좌 · 우로 수직 2등분한 선을 말한다.

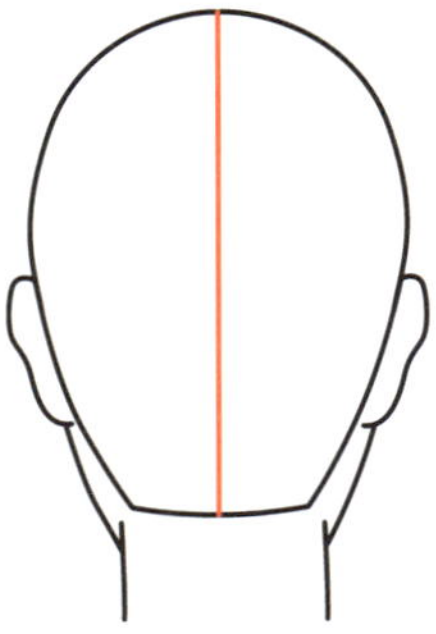

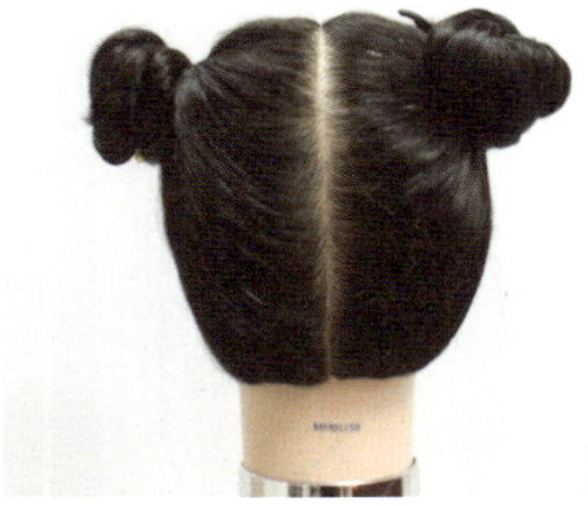

3 측중선 (이어 투 이어 라인)

두상에서 탑포인트를 지나는 선으로 탑포인트(T.P)와 양쪽 이어 포인트(E.P)를 연결한 선이다.

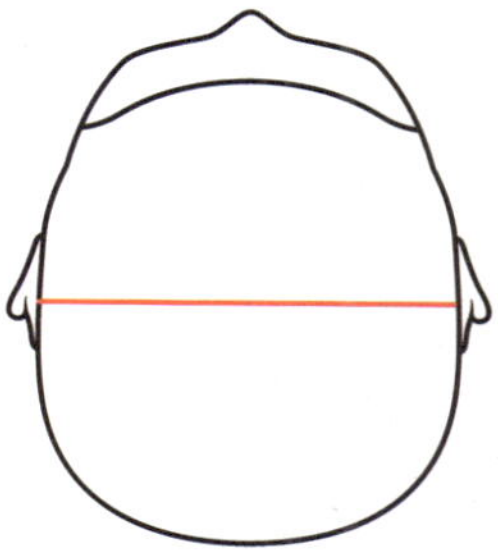
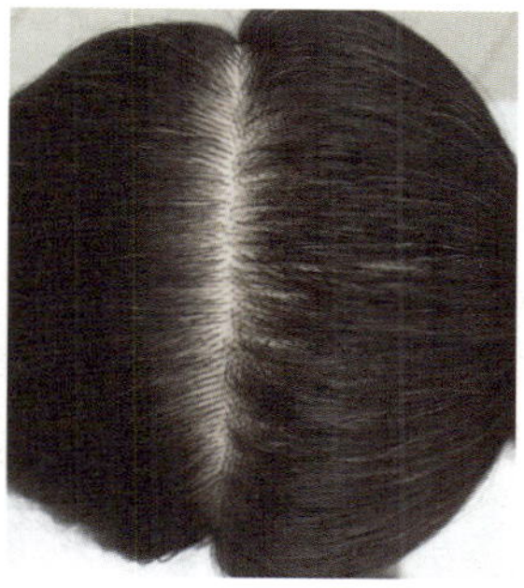
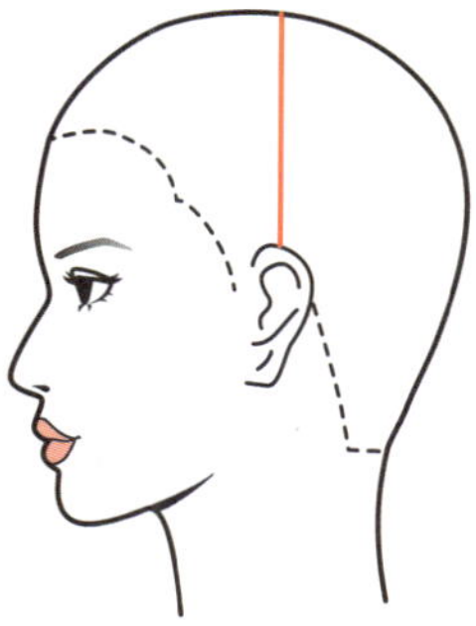

4 수평선

이어 포인트(E.P)의 높이에서 상하로 나누는 선이다.

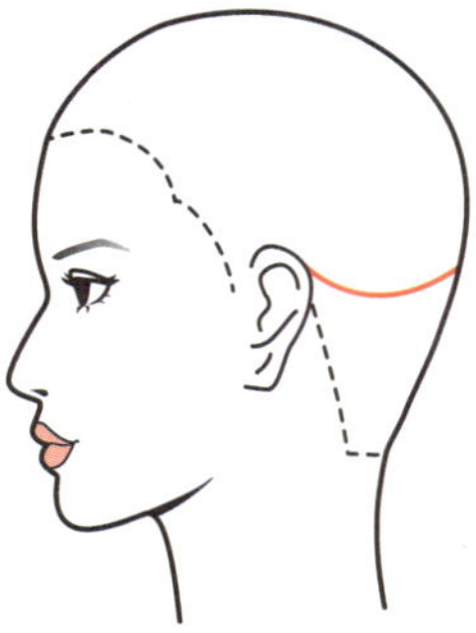

5 측두선

프론트 사이드 포인트(F.S.P)에서 측중선까지 연결한 선이다.

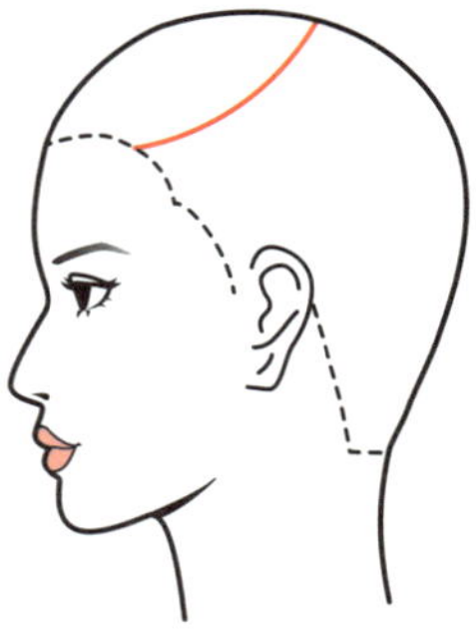

6 햄 라인, 측중선, 정중선, 측두선 그리기

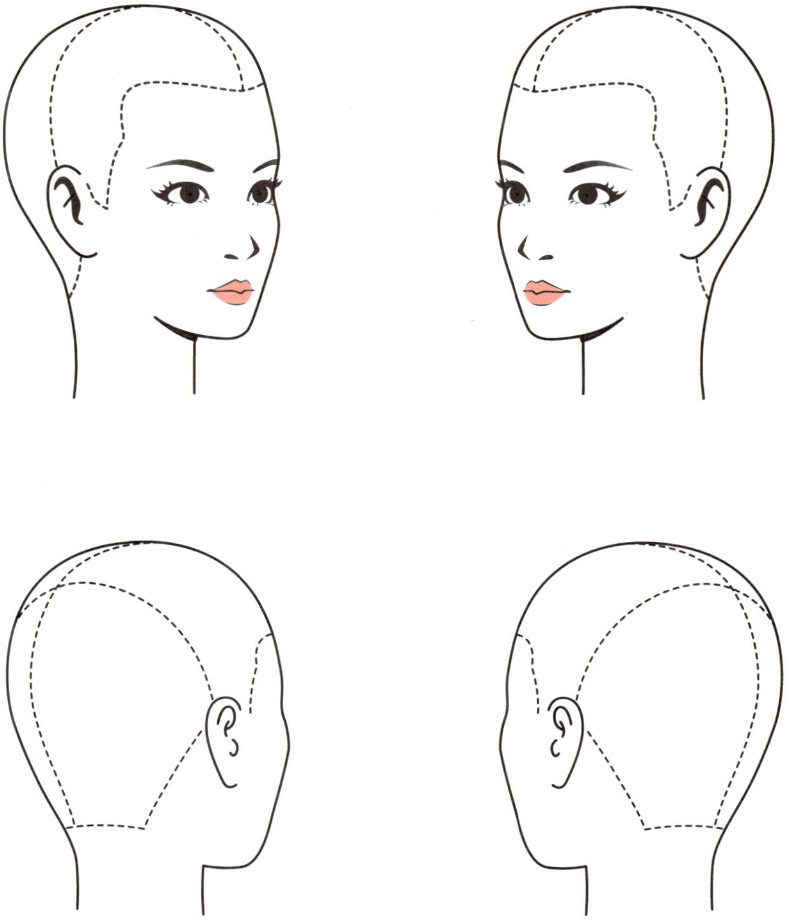

04 파팅 (Parting)

헤어스타일 시술에 앞서 파팅을 하는 이유는 디자이너가 자신이 원하는 스타일을 보다 쉽고 정확하게 시술하기 위해서이다.

1 파팅 라인의 종류

2파트

헤어스타일을 위해 두상을 점과 점을 연결하여 2등분하는 것을 말한다.

센타 파트

C.P, T.P, G.P, B.P, N.P를 연결하는 선으로 정중선이라고 한다.
이 정중선을 기준으로 좌우 동일하게 나누는 것을 말한다. 머리 기장을 좌우 같은 길이로 할 때 또는 비대칭 등의 스타일을 할 때 파팅하며, 헤어스타일에 있어 가장 기본이 되는 파팅 방법이다.

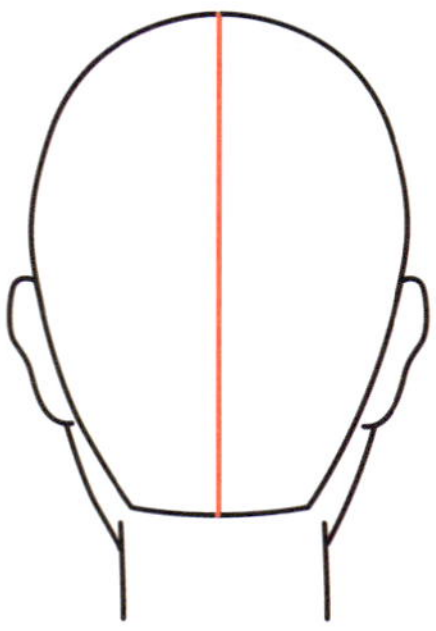

이어 투 이어 파트

두상에어 이어 포인트(E.P)에서 탑 포인트(T.P)를 지나 반대편 이어 포인트(E.P)까지 연결하는 선으로 측중선이라고 한다. 이 선을 기준으로 앞뒤로 2파트로 분할하고 앞쪽의 디자인과 뒤쪽의 디자인이 서로 다른 스타일을 시술할 때 쓰이는 파팅 방법이다.

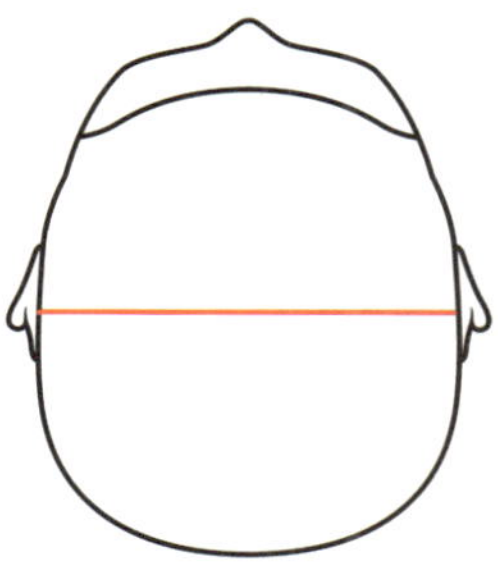

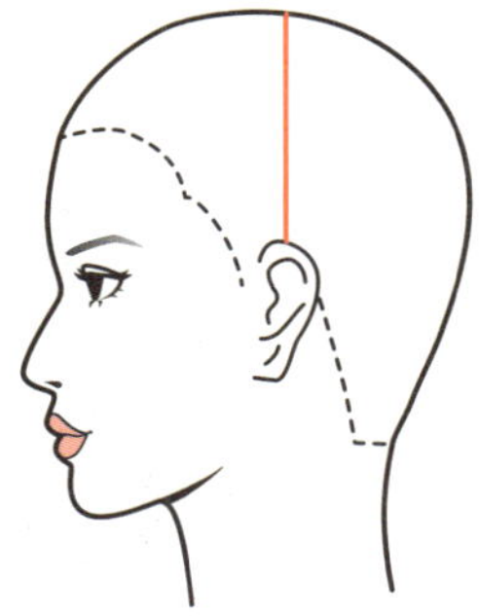
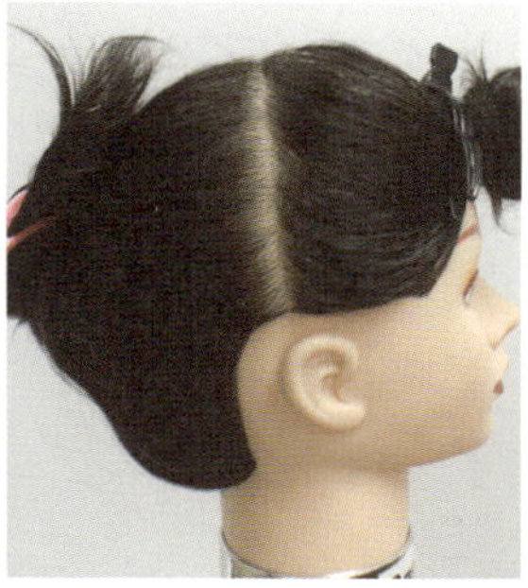

템플 투 템플 파트

두상에서 프론트 사이드 포인트(F.S.P)에서 반대편 프론트 사이드 포인트(F.S.P)까지 수평으로 가르는 2파트로 상하로 분할하는 파팅 방법으로 아래쪽은 엑스터널이라고 하고 언더라인을 표현, 위쪽은 인터널이라고 하며 층, 볼륨, 무게를 표현한다.

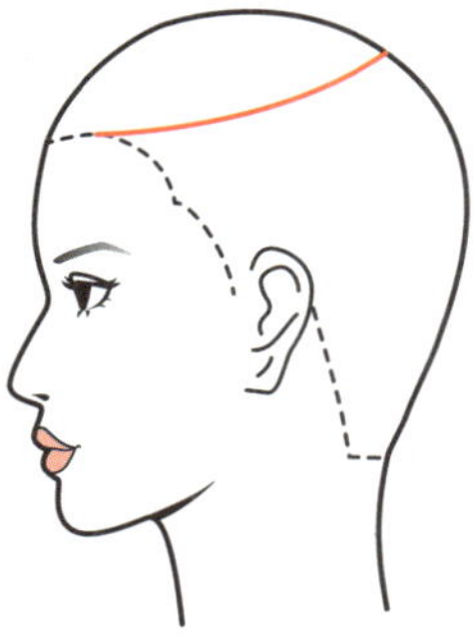

3파트

두상에서 프론트 사이드 포인트(F.S.P)에서 반대편 프론트 사이드 포인트(F.S.P)까지 수평 나눈 투 파트에서 S.P에서 B.P를 지나 반대편 S.P를 연결하는 파팅을 추가하여 3등분한 파팅으로 2파팅에 비해 좀 더 정밀하고 정확한 커트 시술을 할 때 활용한다. 섹션은 크게 언더, 미들, 오버섹션으로 나눌 수 있다.

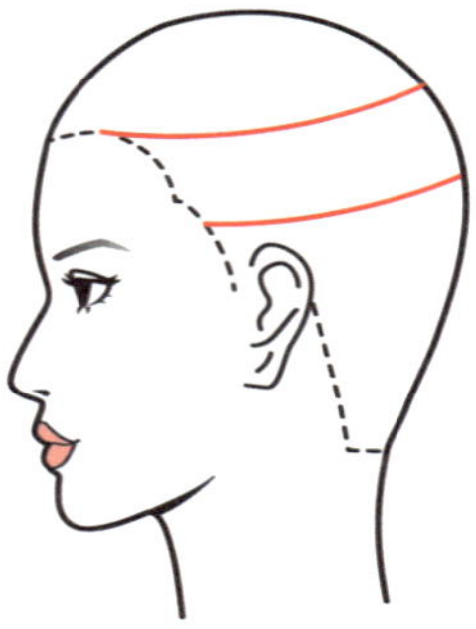

4파트

3파팅에서 이어 백 포인트(E.B.P)에서 옥시피탈 본(Occipital Bone) 지점을 지나 반대편 이어 백 포인트(E.B.P)를 연결하는 파팅을 추가하여 4등분한 파팅으로 언더부분을 좀 더 세분화한 것으로 3파트에 비해 좀 더 정밀한 스타일을 시술할 때 활용한다.

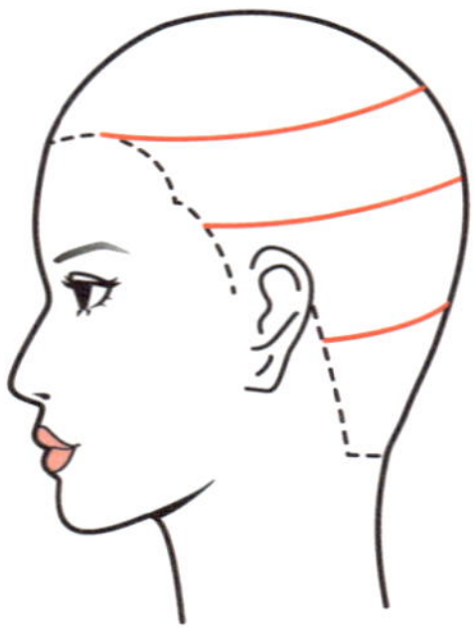

파트 그리기

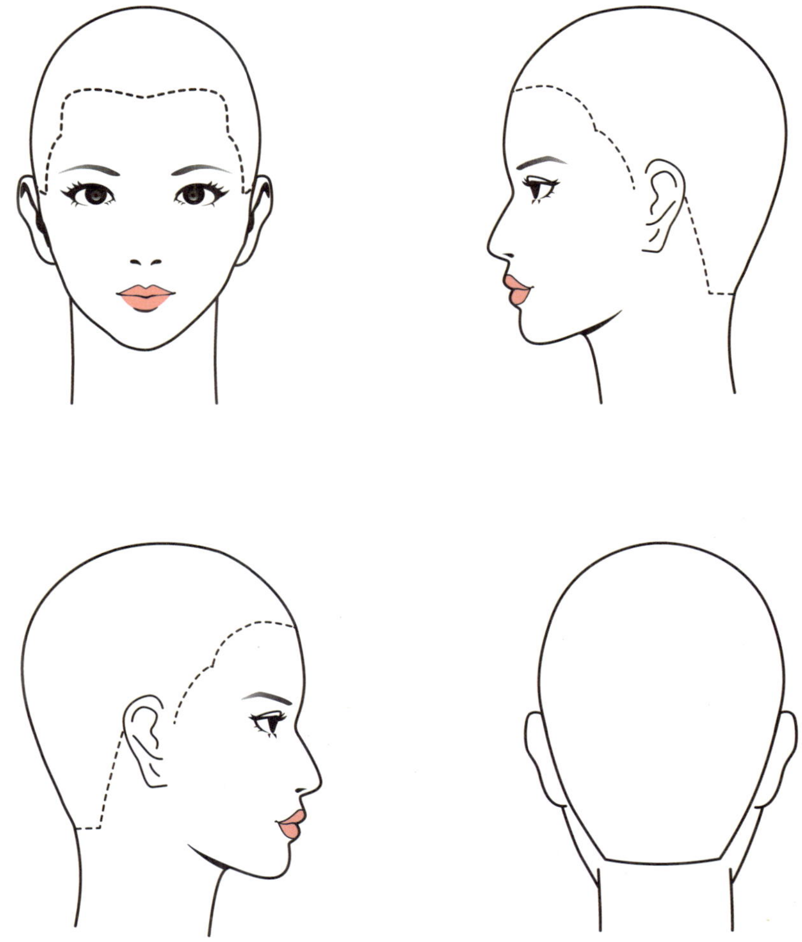

05 섹션 (Section)

두상에서 파트보다 작은 부분이나 조각으로 나누어진 부분을 말하는 것으로 섹션 폭은 디자이너에 따라 다르지만 대개 2㎝ 정도로 항상 일정하게 유지하여 커트를 시술한다.

1 섹션의 종류

수평섹션(Horizontal Section)

호리존탈 섹션은 지면과 수평으로 섹션을 나누는 것으로 상하의 층이 많이 나지 않는 헤어 스타일을 시술할 때 나누는 섹션 방법으로 원랭스 커트(수평 원랭스 커트, 이사도라 커트, 스파니엘 커트) 등을 커트할 때 활용한다.

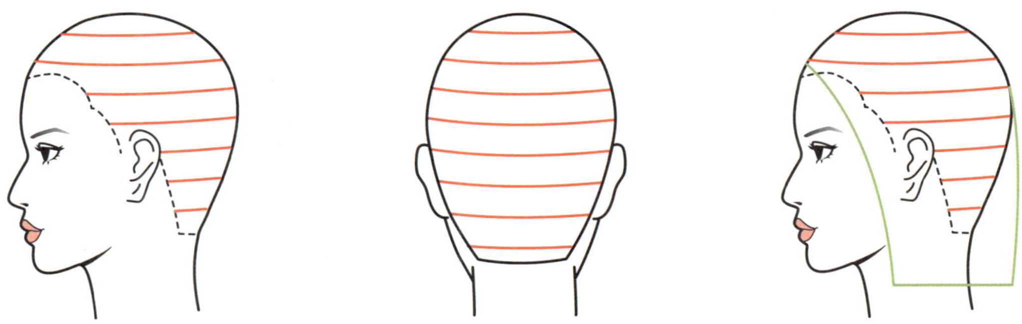

파팅 선　　커트 시 언더라인

수직섹션(Vertical Section)

수직섹션(버티컬섹션)은 지면과 수직으로 섹션을 나누는 것으로 상하의 층을 많이 내는데 활용한다. 질감이 부드럽고 가벼운 층으로 표현된 헤어스타일을 시술할 때 유용한 섹션으로 레이어드 커트에 주로 활용된다.

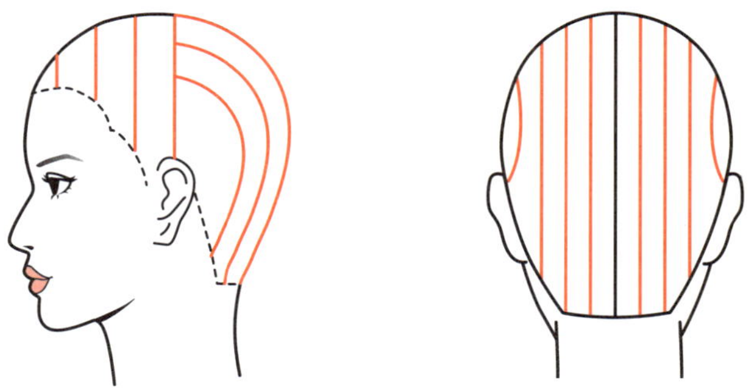

파팅 선 　 커트 시 언더라인

사선섹션(Diagonal Section)

사선섹션(다이에그널섹션)은 지면과 사선으로 섹션을 나누는 것으로 두상의 앞쪽과 뒤쪽의 기장을 다르게 하여 언더라인이 A라인, V(U)라인의 커트선이 표현되는 스타일을 시술할 때 유용한 섹션이다. 사선섹션은 A섹션과 V(U)섹션으로 나뉜다.

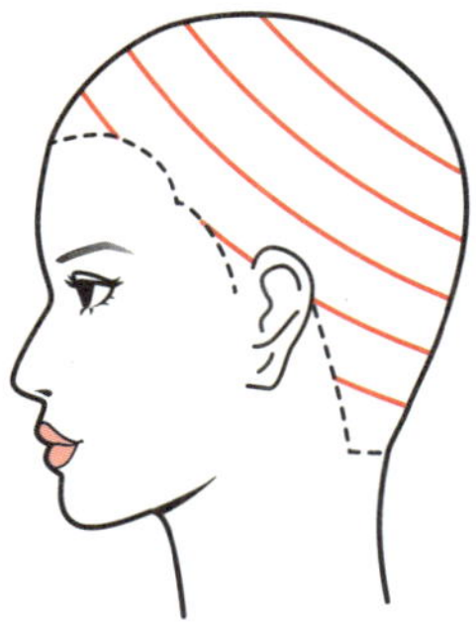
V(U) 섹션

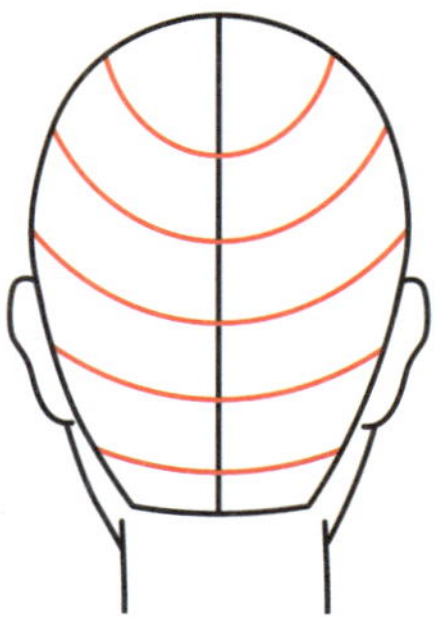
파팅 선

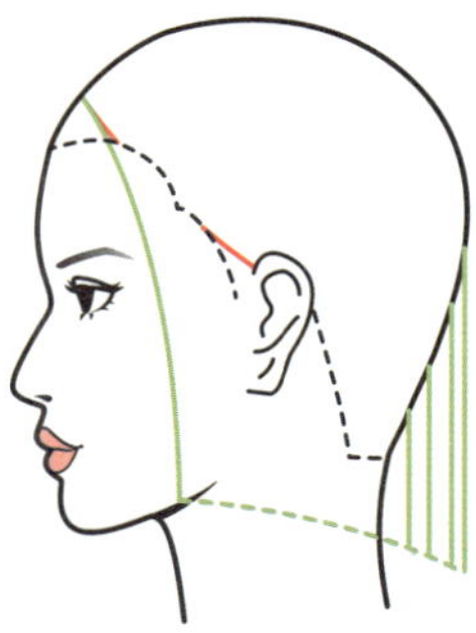
커트 시 언더라인

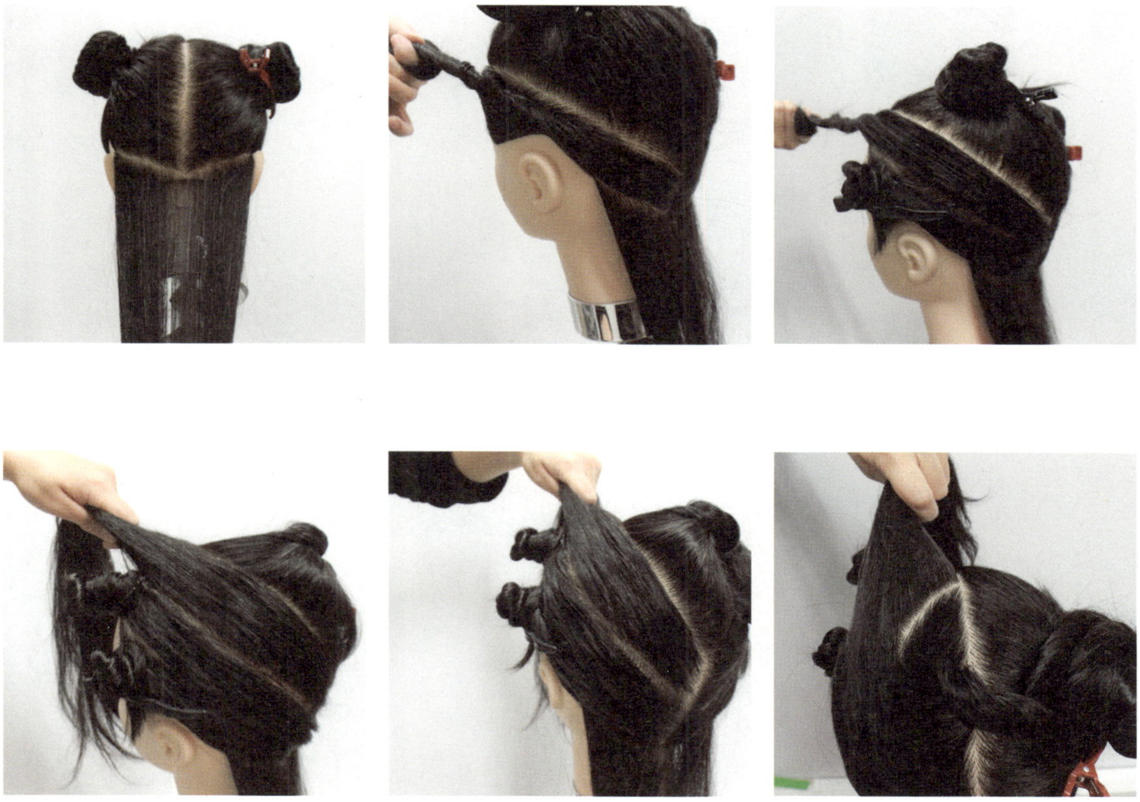

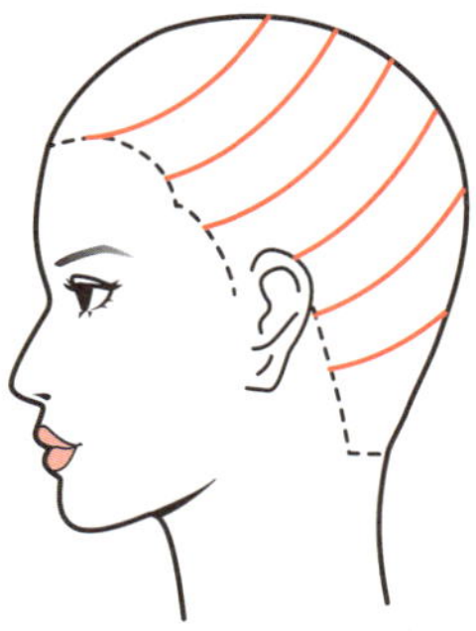

A 섹션

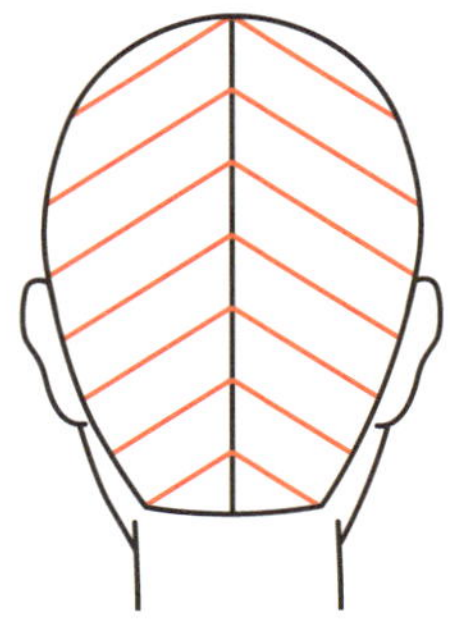

파팅 선

커트 시 언더라인

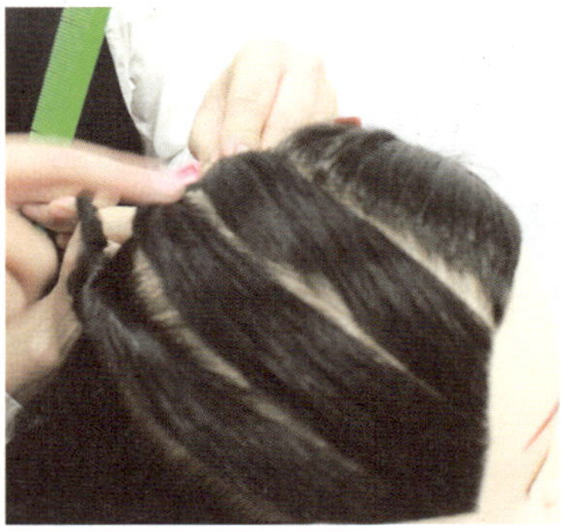

방사선섹션(Pivot Section)

방사선섹션(피봇섹션)은 버티컬섹션을 응용한 섹션으로 탑 포인트(T.P)에서 방사선으로 균등하게 분할하여 섹션을 나누는 것으로 두상의 두정부 부위(크라운)를 쉽게 시술하기 위하여 활용하는 방법이다. 수직섹션과 같이 층을 많이 내는 스타일에 활용된다.

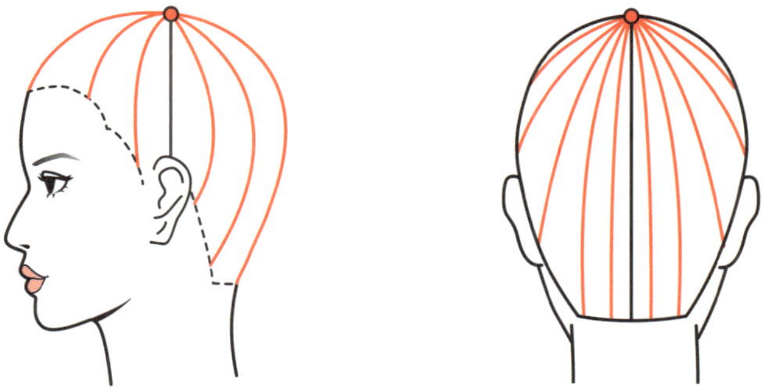

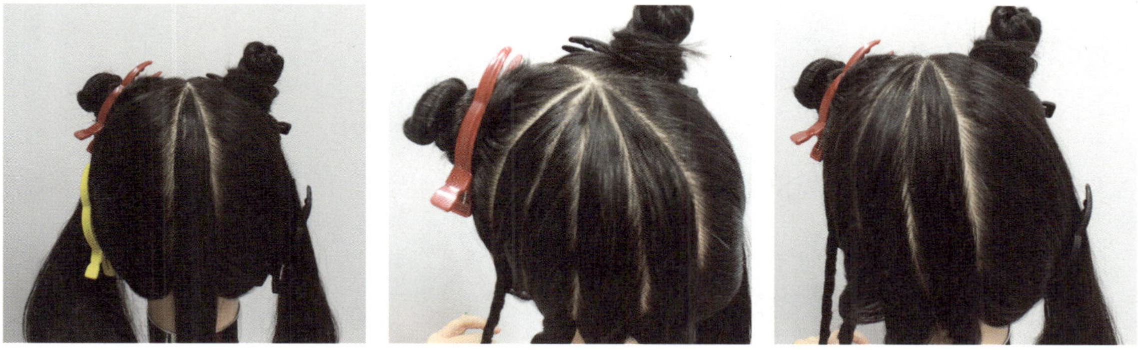

섹션 그리기

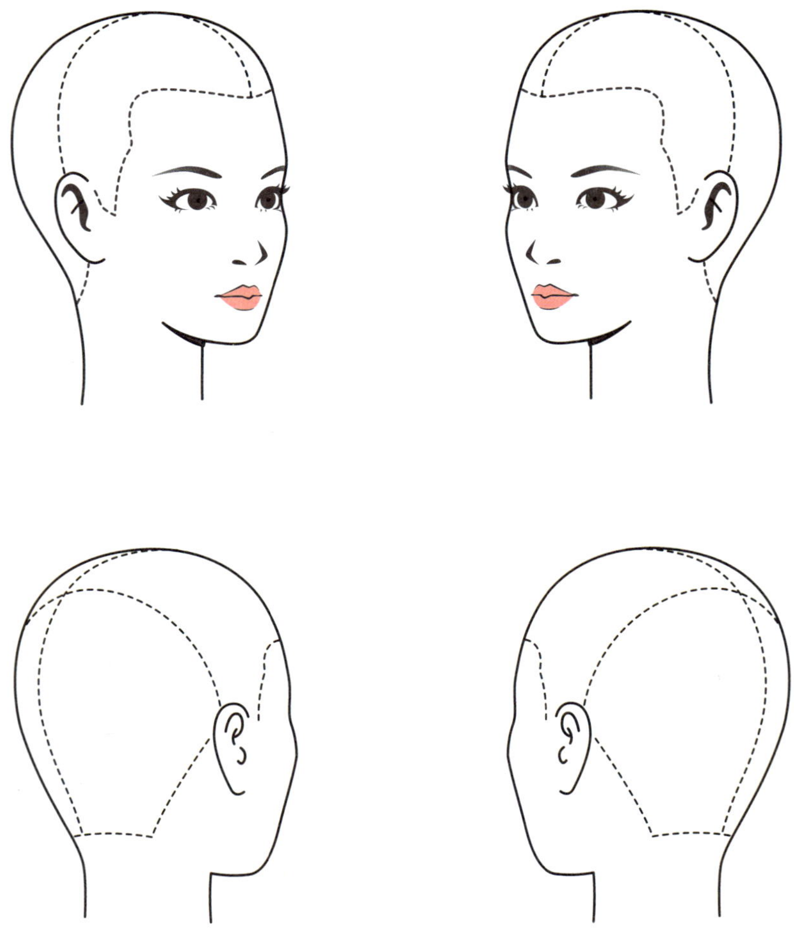

06 가이드

가이드는 커트 진행 시 처음 기준이 되는 커트선을 말한다.

1 고정가이드

커트 시 처음 정한 가이드에 맞추어 커트하는 방법이다.

예 원랭스 커트

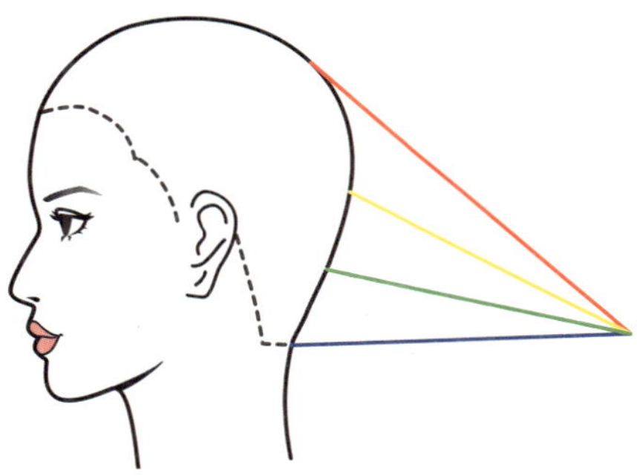

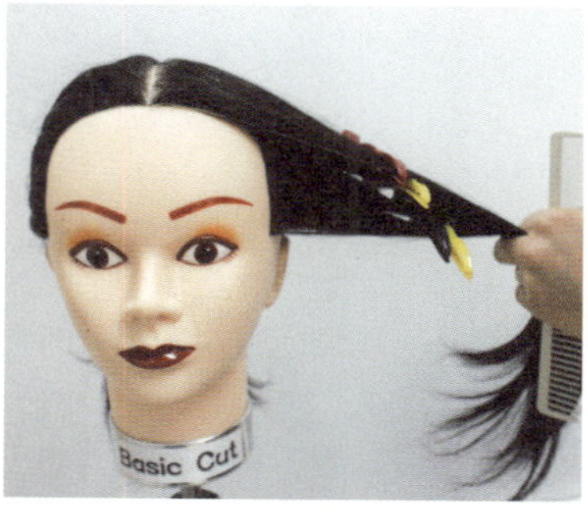

2 이동가이드

커트 시 가이드가 고정되어 있지 않고 이동하면서 가이드에 맞추어 커트를 진행하는 방법이다.

예 레이어커트

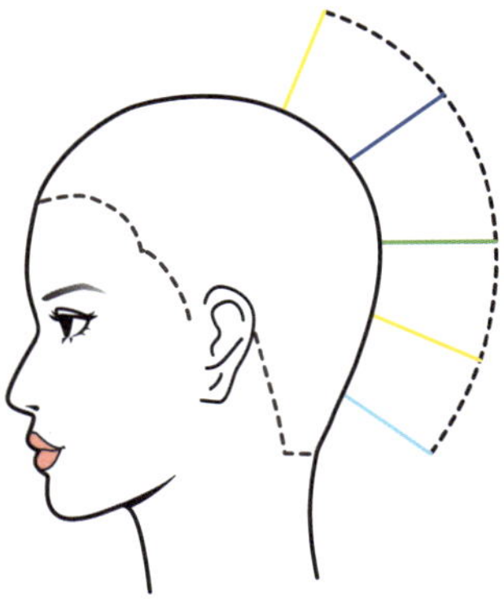

CHAPTER 05

커트이론 및 실습 Ⅱ

01 _ 커팅 라인 (Cutting line)

커팅라인은 커트 시술 시 모발 끝에서 만들어지는 선이다.

1 언더라인 (Under line)

자연스러운 모발 상태에서 모발의 끝 선이 연결되어 만들어지는 라인이다.

수평라인

모발의 끝 선이 지면과 수평하게 만들어진 라인이다.

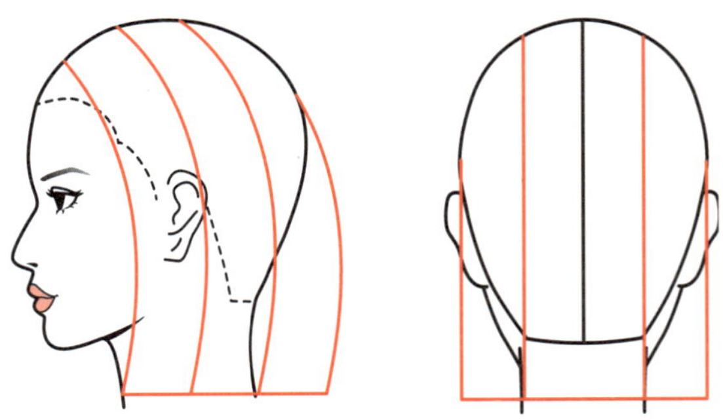

A라인

모발을 자연스럽게 빗었을 때 앞머리 기장이 뒷머리 기장보다 긴 라인이다.

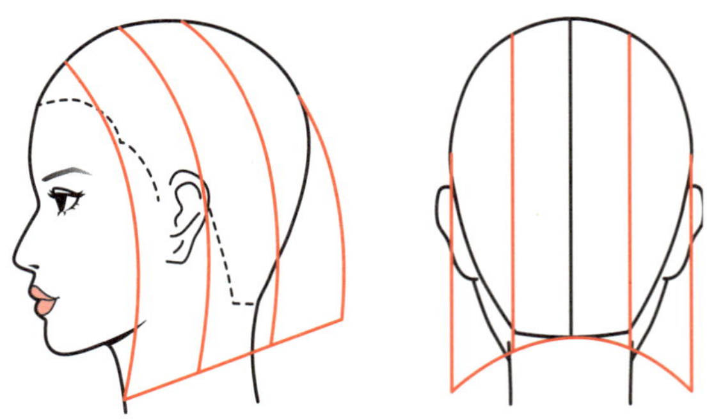

V(U)라인

모발을 자연스럽게 빗었을 때 앞머리 기장이 뒷머리 기장보다 짧은 라인이다.

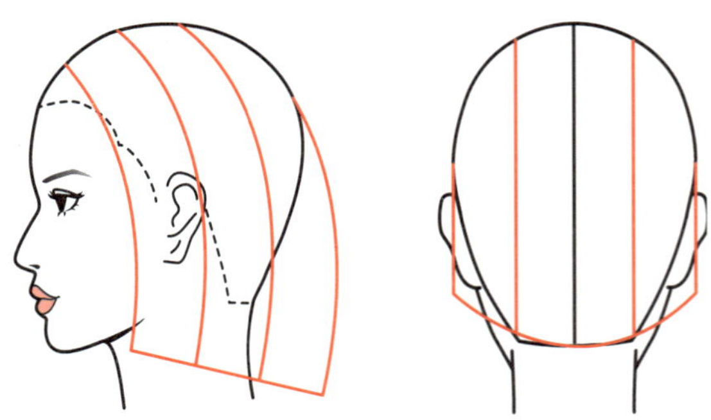

수평라인

A 라인

V 라인

2 아웃라인 (Out line)

커트 시술 시 커트라인의 연결로 만들어지는 라인이다.

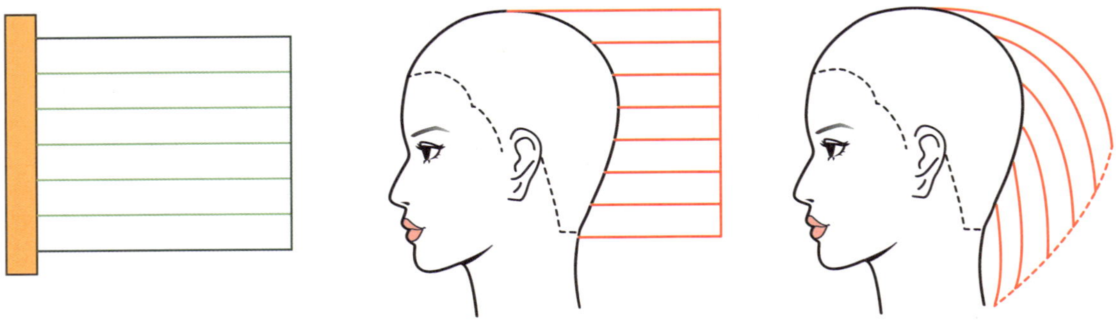

랙탱글 라인(Rectangular Line) : 두상의 중심으로 모발을 수직으로 들었을 때 직각으로 만들어진 라인

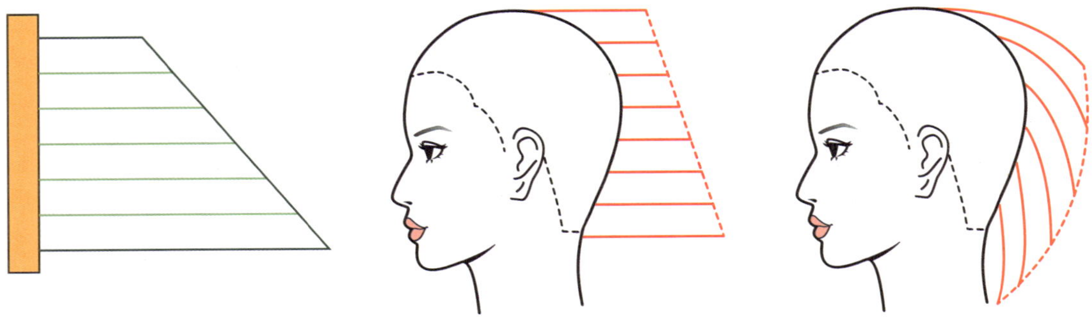

아웃사이드 라인(Outside Line) : 두상의 탑 부분 모발이 네이프 부분 모발보다 짧은 라인(가벼운 스타일)

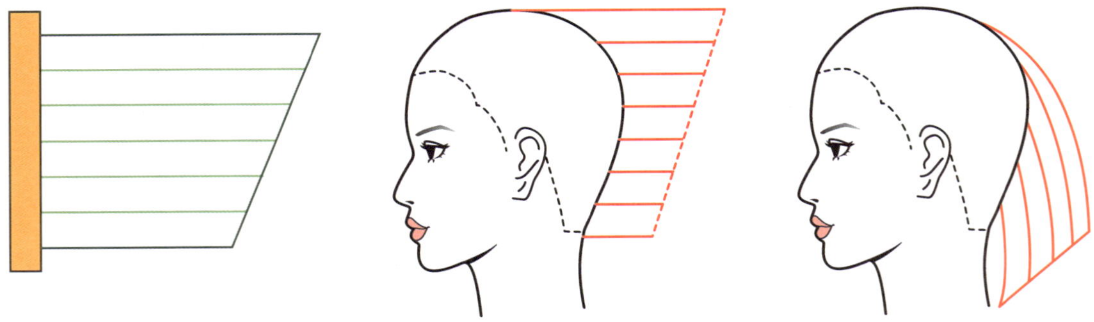

인사이드 라인(Inside Line) : 두상의 탑 부분 모발이 네이프 부분 모발보다 긴 모발(무거운 스타일)

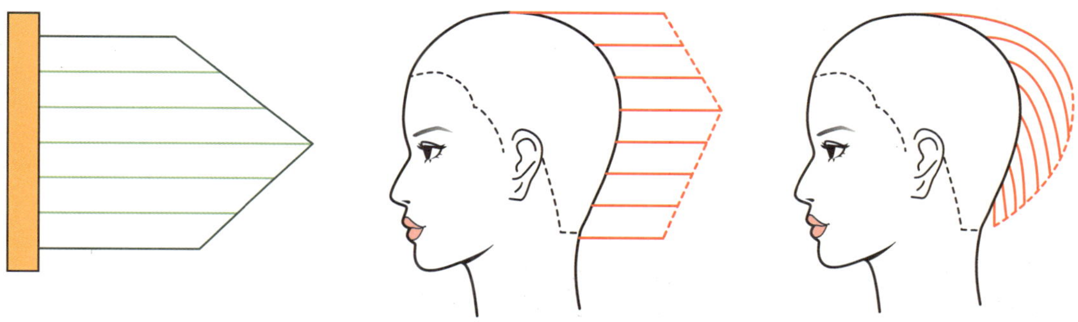

콘벡스 라인(Convex Line) : 인사이드 라인과 아웃사이드 라인의 연결로 아웃사이드 라인이 윗부분이고 인사이드 라인이 아랫부분이다.

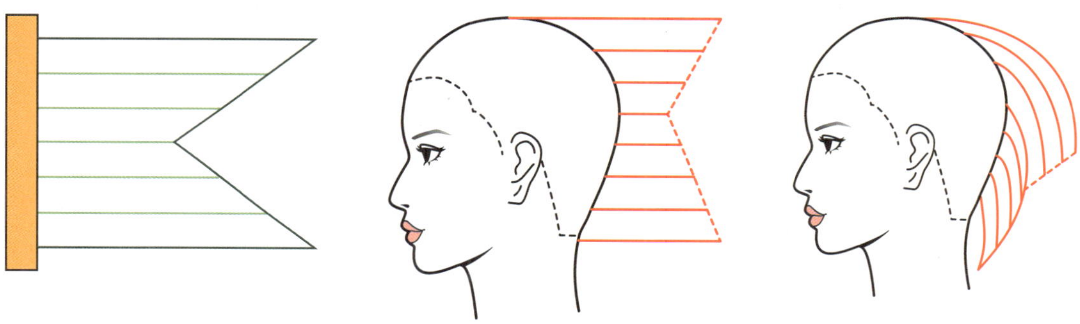

콘케이브 라인(Concave Line) : 인사이드 라인과 아웃사이드 라인의 연결로 인사이드 라인이 윗부분이고 아웃사이드 라인이 아랫부분이다.

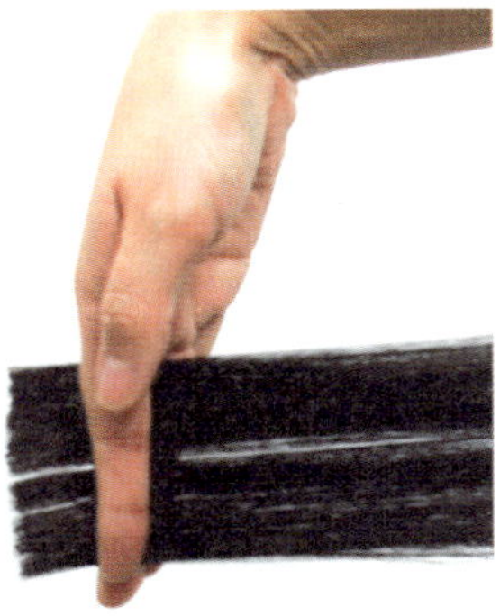
랙탱글 라인

아웃사이드 라인

인사이드 라인

콘벡스 라인

콘케이브 라인

3 커트라인 그리기

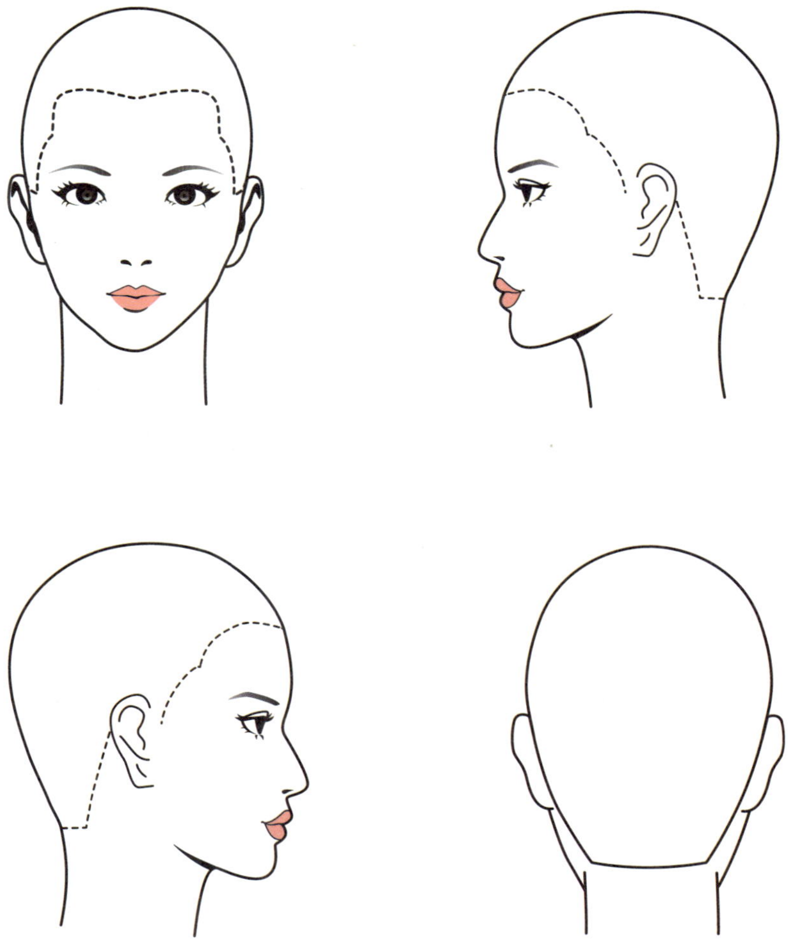

02 두상과 면 (Surface)

두상을 파팅으로 나누었을 때 생기는 면을 말한다.

1 수평섹션으로 표현된 면의 의미

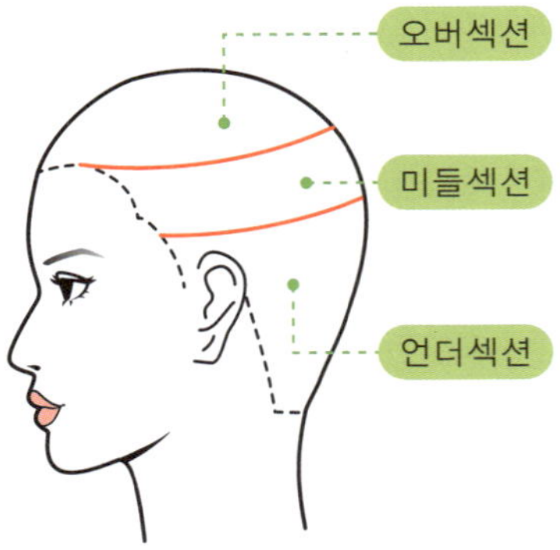

두상과 면

오버섹션(Over section)

오버섹션 부분은 템플 투 템플 부분에서 제일 위쪽 부분으로 헤어스타일에 있어 전체적인 느낌과 인상을 좌우한다.

미들섹션(Middle section)

두께, 무게감, 양감 등을 표현하는 부분이다.

언더섹션(Under section)

제일 아랫부분으로 커트의 언더라인과 커트의 질감 등을 좌우한다.

2 수직과 수평섹션의 혼합으로 표현된 면의 의미

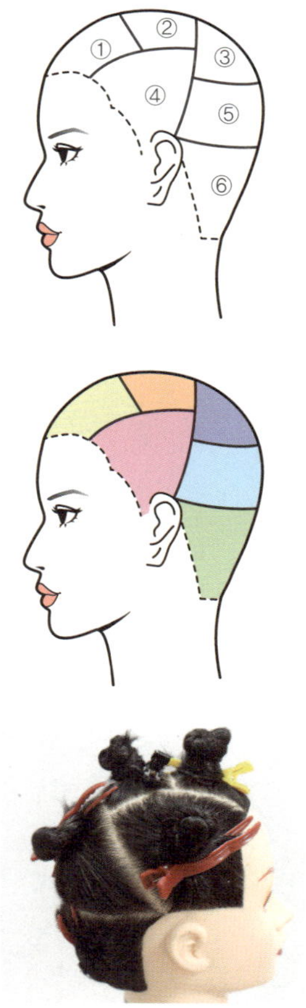

두상과 면

임팩트 부분

① 부분으로 얼굴의 정면을 꾸며주는 부분이다. 이 부분의 커트선에 따라 얼굴의 이미지를 변화시킬 수 있다. (사선, 직선, 곡선, 수평라인 등)

인상 부분

②와 ③의 부분으로 전체적인 스타일의 외형을 좌우한다.

얼굴 모양

④의 부분으로 ① 부분과 연결하여 얼굴선을 꾸며준다.

뒷머리

⑤의 부분으로 스타일의 백부분의 층, 볼륨 등을 나타낸다.

언더라인 부분

⑥의 부분으로 스타일의 언더라인을 결정한다.

3 두상 면의 명칭

두상의 위치에 따라 면의 명칭이 다르다.

전두부	① 센터(center) ② 탑(top)
두정부	③ 크라운(crown)
측두부	④ 사이드(side)
후두부	⑤ 백(back) ⑥ 네이프(nape)

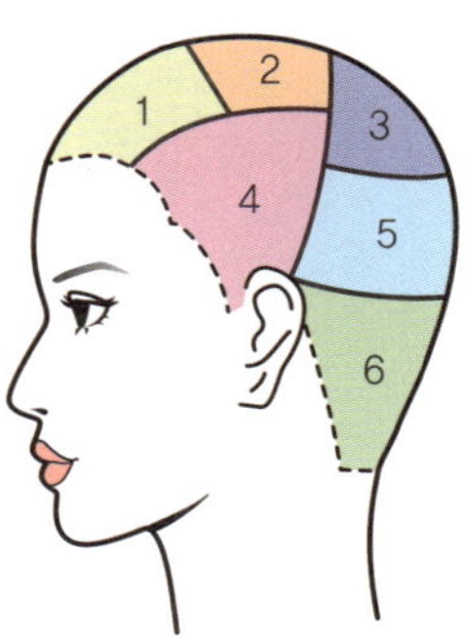

4 두상과 면 그리기

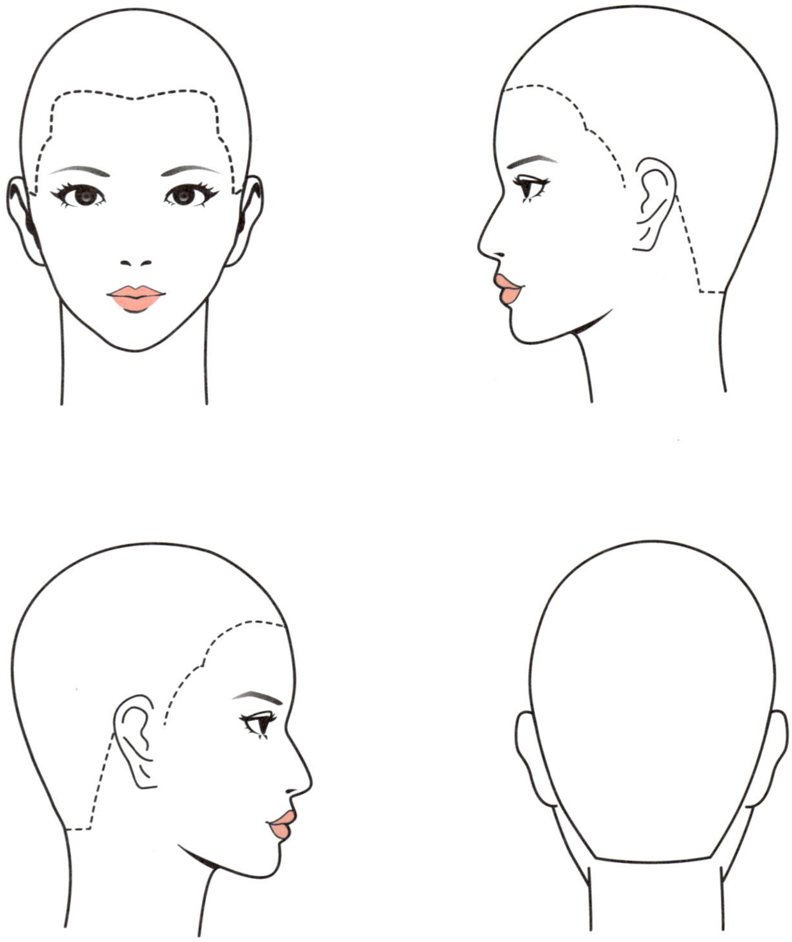

03 두상의 각도 (Angle)

커트 시술 시 두상에서 판넬을 들어 올리는 각도에 따라 가벼움, 무거움 등의 질감을 표현할 수 있다.

1 자연각도

자연각도란 일반적인 방위각으로 동서남북 방향의 각도를 말한다. 지면으로 내리면 0°, 지면과 반대 방향인 위쪽이면 180°, 두상을 수평으로 하였을 때 90°, 270°이다. 원랭스 커트와 같이 무거운 스타일에 적용된다.

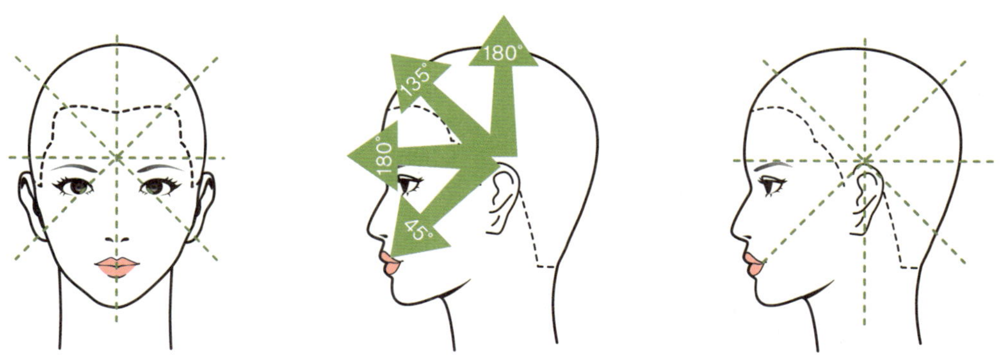

자연각도

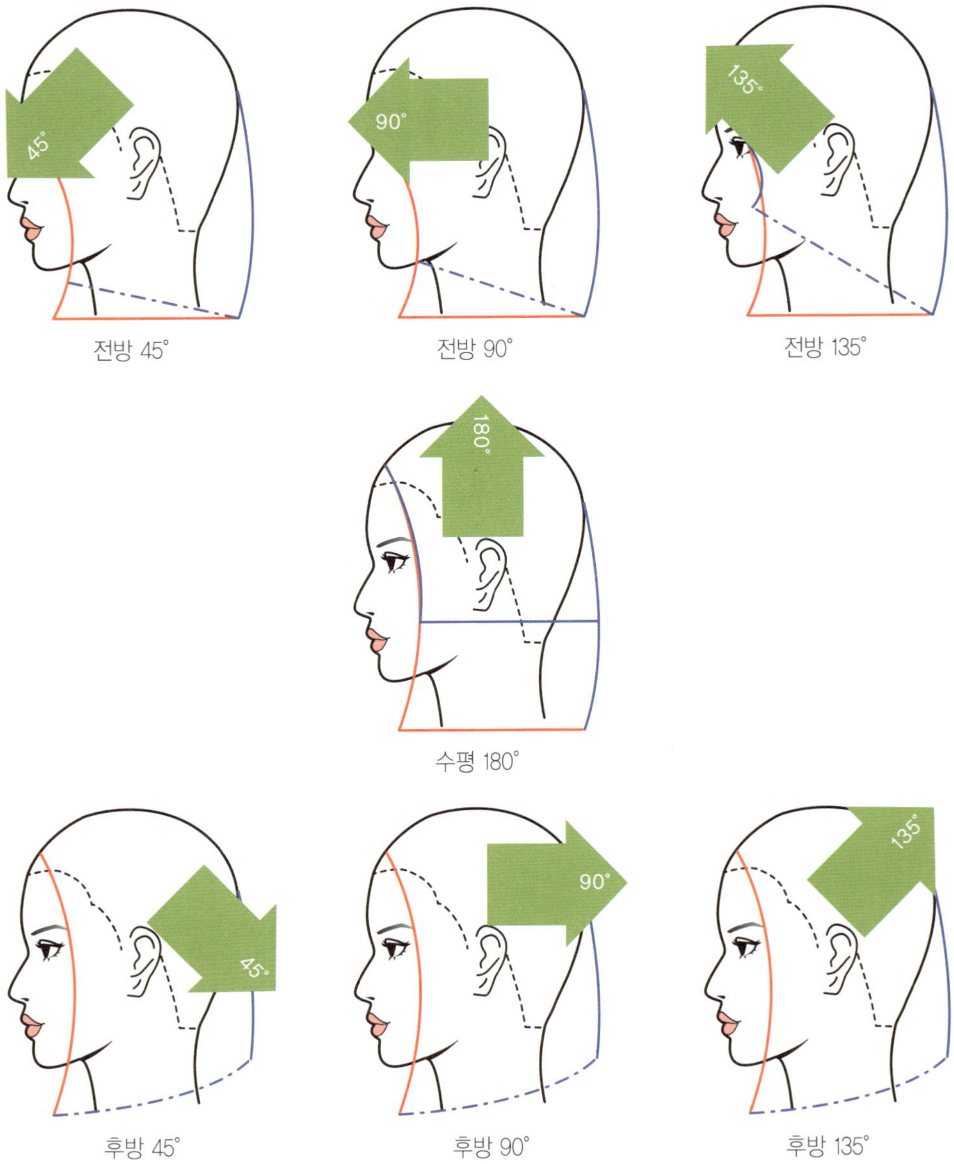

자연 각도에 따른 방향 전방 45°

자연각도 방향

전방 45°

전방 90°

전방 135°

후방 135°

자연각도 빗질 방향

2 두피 각도

두피의 각 위치에서의 각도를 말한다.
아래 그림과 같이 두상의 각각 위치마다 각도의 방향이 달라진다.
레이어드 커트와 같은 층이 많이 나는 스타일에 적용한다.

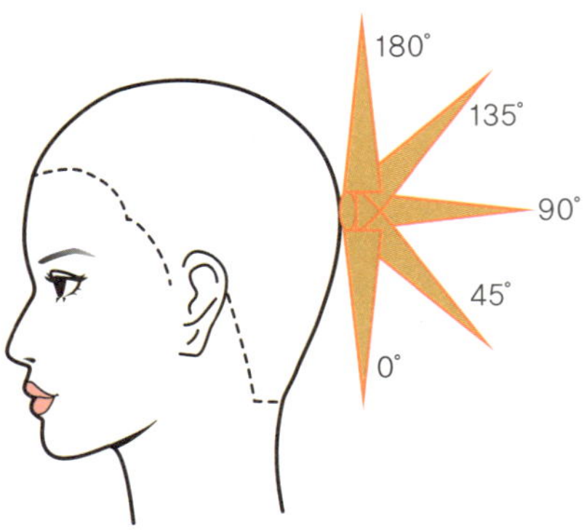

두상의 한 점(위치)에서 두피 각도
(45°, 90°, 135°, 180°)

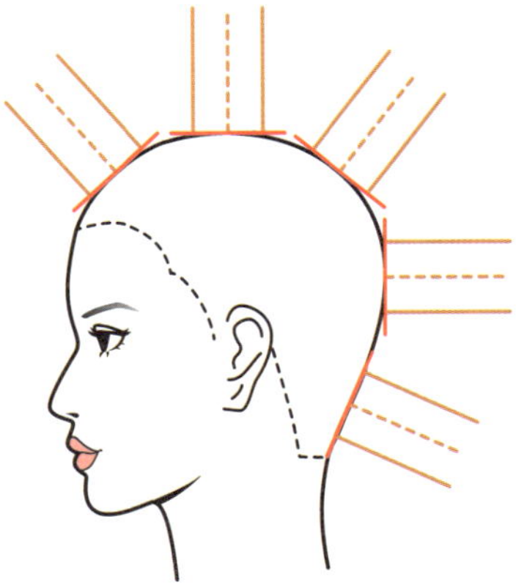

두상의 여러 점(위치)에서 90° 방향

두피 각도와 빗질 방향

3 위그(가발)에 두피 각도 실습 (자연각도)

자연 각도(0°, 45°, 90°, 135°, 180°)

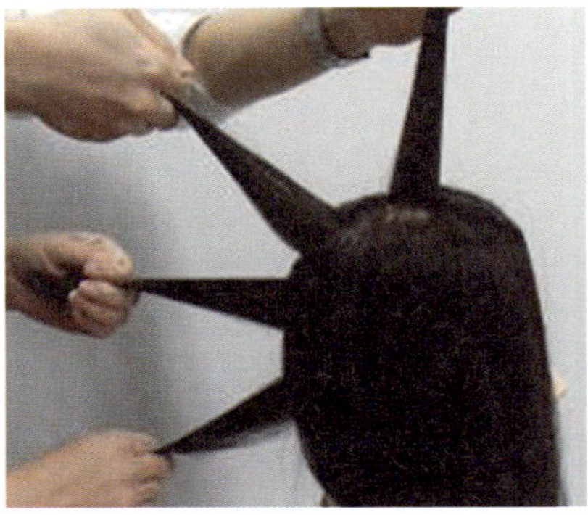

두피 각도(90°)

4 두피와 각도 그리기

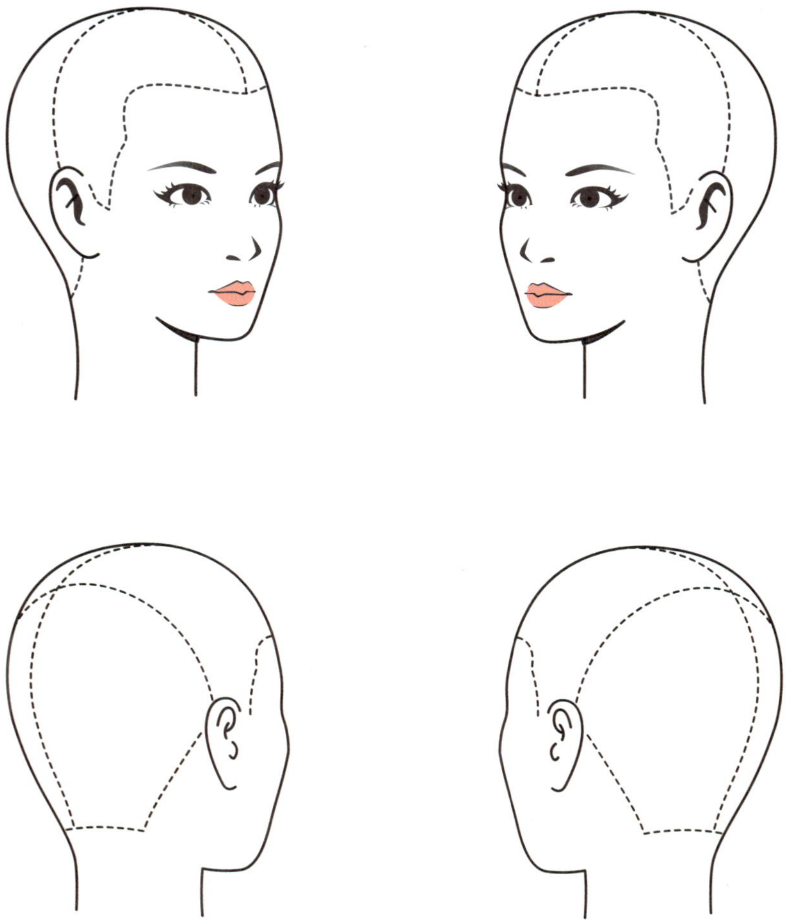

BASIC CUT

CHAPTER 06

커트와 베이스 (Base)

베이스는 다양한 커트 디자인을 하기 위한 방법으로 모발의 일정한 길이 변화를 주기 위해 판넬에서 커트가 이루어지며 위치를 이동하여 커트를 한다.

01 수평 섹션 베이스 (Horizontal Section Base)

커트 디자인을 하기 위해 수평섹션에서 모발의 일정한 길이 변화를 주는 방법이다.
모발 상하의 움직임으로 높낮이를 표현하여 층의 흐름과 무거움, 가벼움을 표현한다. 이는 엘레베이션과 연관이 있다. 수평섹션 베이스에는 섹션에 의한 베이스와 두피 면에서의 베이스가 있는데 이를 자연각과 시술각으로 이해하면 된다.

1 업 베이스 (Up Base)

섹션폭에 맞추었을 때 윗방향으로 들어 올려서 커트하는 것이다. 가이드에 맞추어 커트를 진행하며 아래 모발의 길이가 길어진다. 커팅 라인에서 볼 때 아웃 라인이 형성된다. 업 베이스로 커트를 하면 층이 많이 난다.

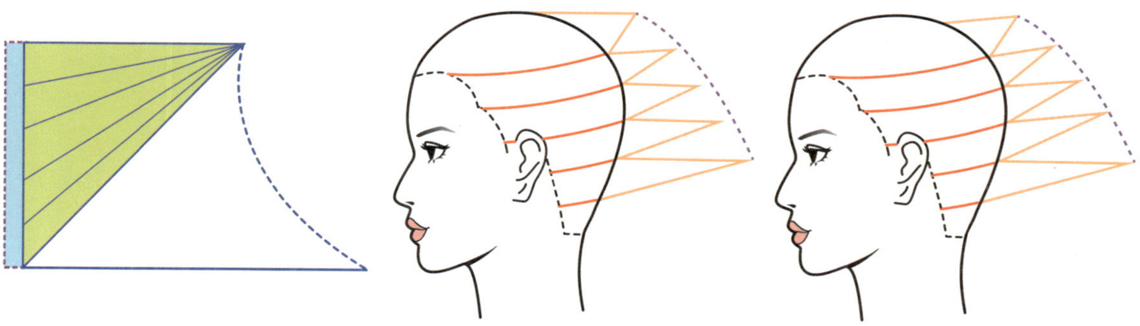

2 다운 베이스 (Down Base)

섹션 폭에 맞추었을 때 아랫방향으로 판넬을 들어 올려서 커트하는 것이다. 가이드에 맞추어 커트를 진행하며 윗 모발의 길이가 길어진다. 커팅 라인에서 볼 때 인 라인이 형성된다. 그레쥬에이션과 같이 층이 적은 스타일에 적용한다.

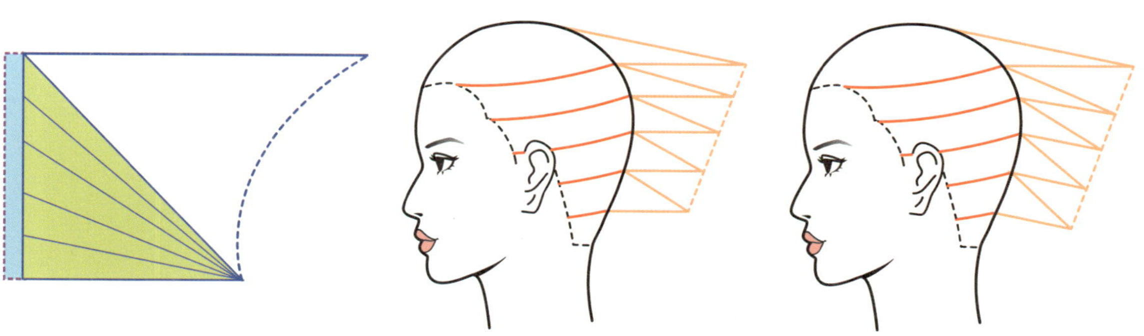

3 온 더 베이스 (On the Base)

각 섹션의 섹션 중심에서 커트가 이루어진다. 가이드에 맞추어 커트를 진행하며 동일한 모발 길이를 얻을 수 있다. 레이어드 커트에서 유니폼 레이어(라운드 레이어) 커트 시에 적용할 수 있다.

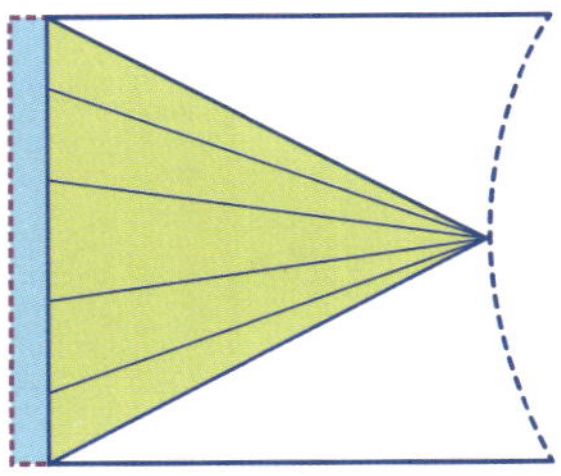

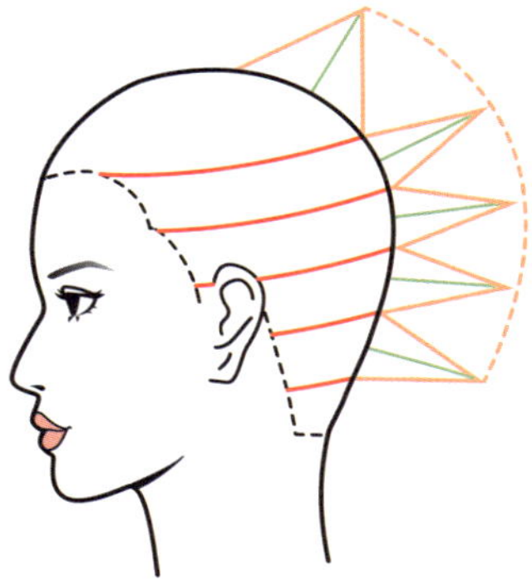

업 베이스 | 다운 베이스 | 온 더 베이스

위그와 베이스

02 수직 섹션 베이스 (Vertical Section Base)

헤어스타일에 있어 상하의 길이 변화가 아닌 좌우의 길이 변화를 줄 때 수직섹션에서 베이스를 이용하면 된다. 좌우로 섹션 이동 시 섹션 폭과 커트 지점이 일정하게 진행되어야 양쪽 머리 길이가 동일하게 커트된다.

1 온 더 베이스 (On the Base)

섹션 중심에서 커트가 이루어지고, 가이드에 맞추어 커트 진행 시 수평섹션에서와 마찬가지로 모발의 길이가 동일하며, 층이 많이 나는 스타일에 할 수 있다.

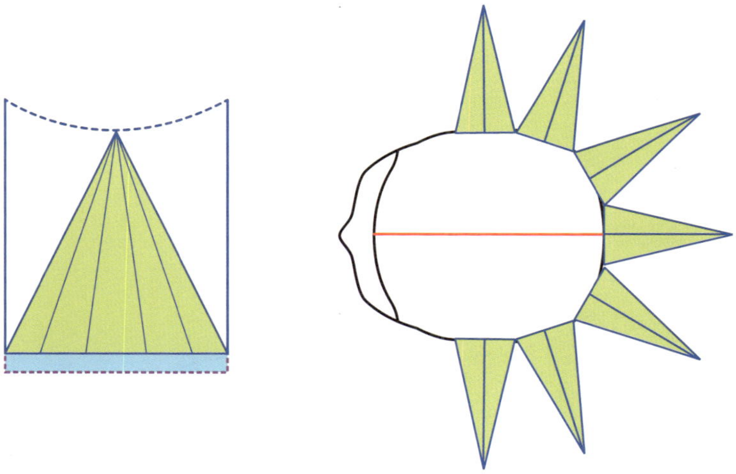

2 사이드 베이스 (Side Base)

섹션의 좌 또는 우의 측면의 90° 기준을 잡고 모아서 커트하는 것으로 좌우의 길이를 일정하게 변화를 주고자 할 때 쓰이는 베이스이다. 당기는 방향이 프론트 방향인지, 백 방향인지에 따라 커트 진행 시 모발의 길이가 길어지기도 하고, 짧아지기도 한다.

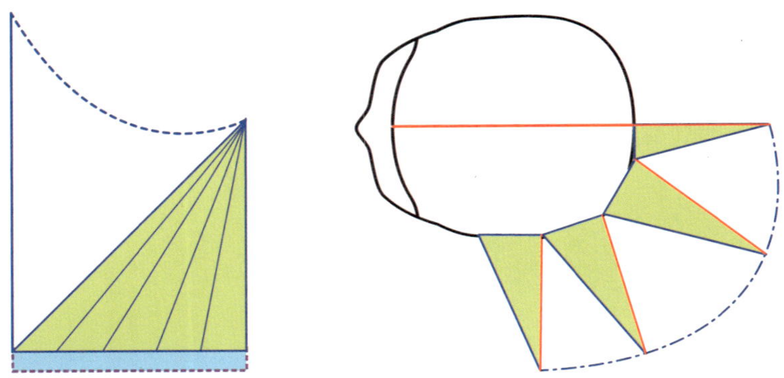

3 프리 베이스 (Free Base)

온 더 베이스와 사이드 베이스 기준 사이에 커트 지점이 존재하는 것으로 좌우의 길이가 일정하게 증가 또는 감소하는데, 사이드 베이스보다는 모발의 길이 변화가 심하지 않다.

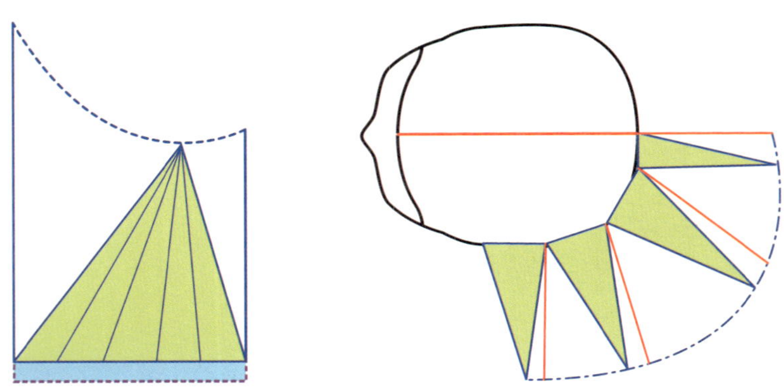

4 오프 더 베이스 (Off the Base)

섹션에 있어 사이드 베이스 폭을 벗어난 지점에서 커트가 이루어지고 사이드 베이스보다는 모발 길이의 변화를 급격하게 줄 수 있다. 오프 더 베이스 시 섹션폭을 벗어나기 때문에 커트가 이루어지는 지점을 임의로 정하던지, 섹션과의 거리를 일정하게 하던지, 커트되는 지점이 동일해야 양쪽 길이에 차이가 없다.

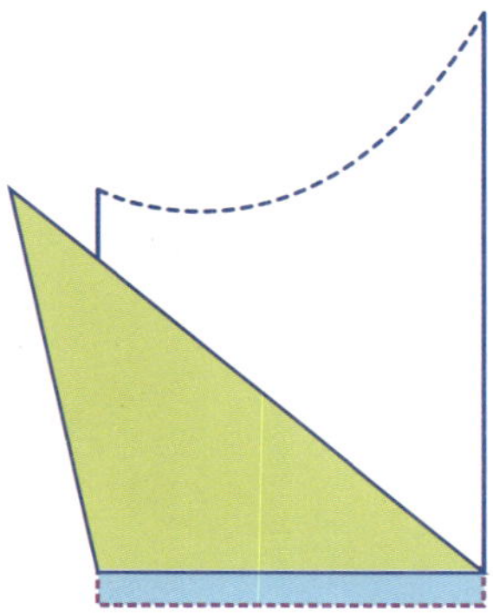

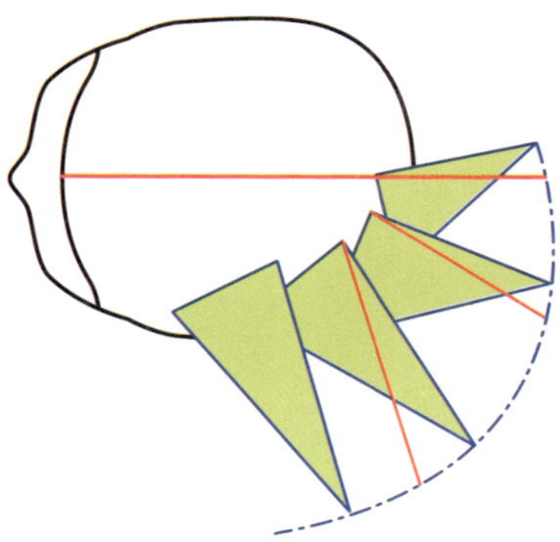

5 트위스트 베이스 (Twist Base)

헤어스타일에 있어 긴 모발과 짧은 모발을 연결할 때, 베이스에서 베이스로 이동할 때 연결하는 베이스로 활용되고, 온 더 베이스에서 사이드 베이스, 오프 더 베이스까지 모든 베이스에 적용이 가능하다.

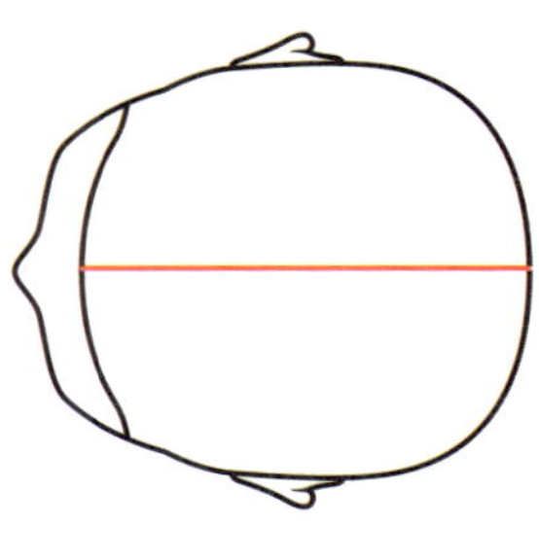

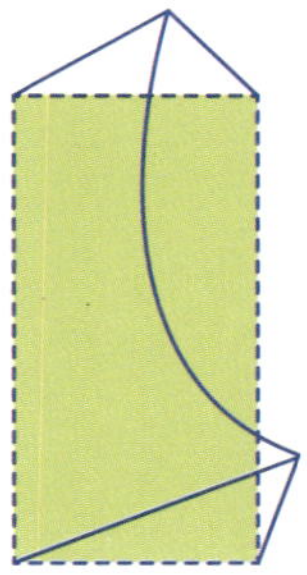

6 위그(가발) 베이스 잡기 실습

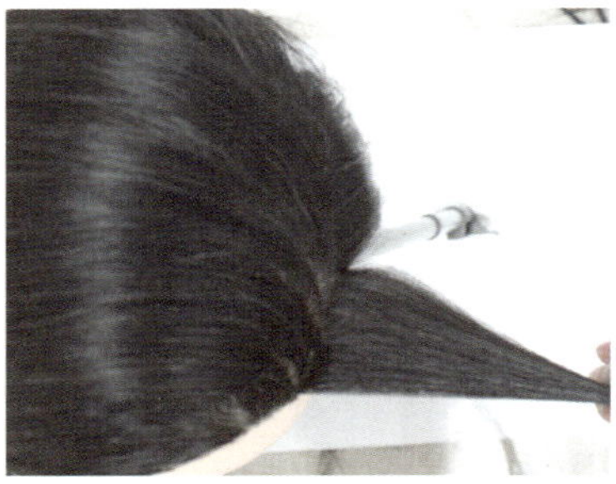
온 더 베이스

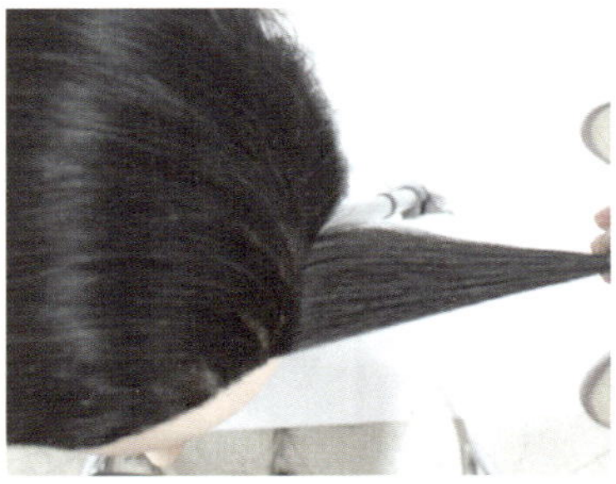
사이드 베이스

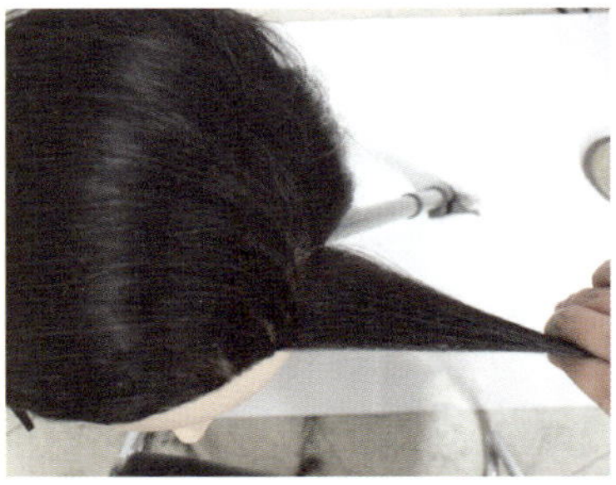
프리 베이스

사이드 베이스(백 방향)

사이드 베이스 (프론트 방향)

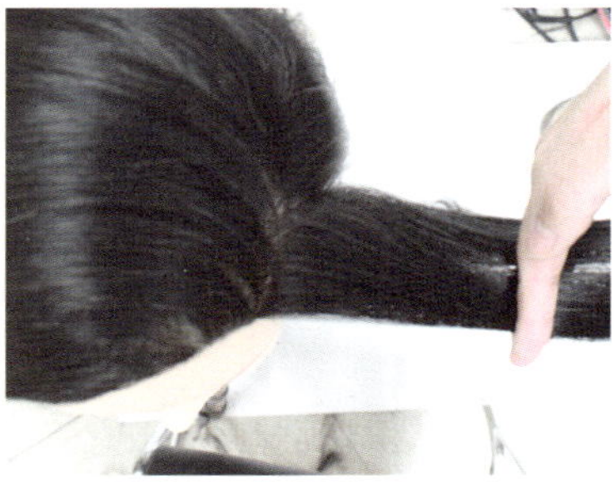
트위스트 베이스

7 베이스 그리기

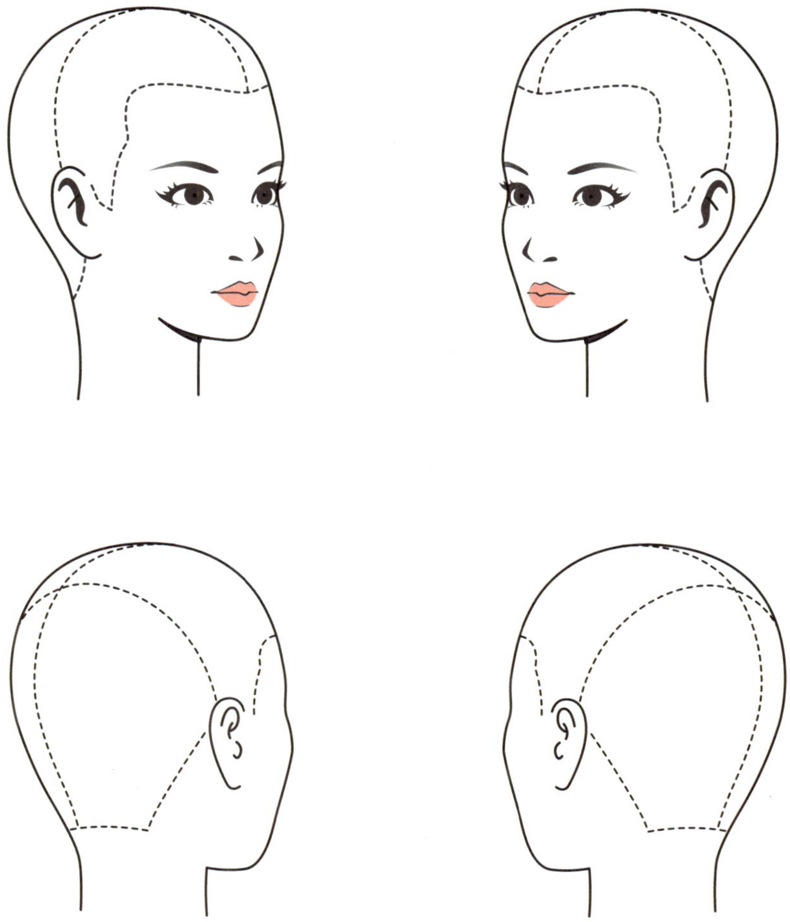

BASIC CUT

CHAPTER

07

커트의 종류

01 층에 의한 분류

1 원랭스 커트 (One length cut)

① 커트 스타일에서 전체적으로 단차(층)가 없는 같은 길이의 커트 구성이다.
② 커트의 가장 기본적인 스타일로 두피의 각도에서 자연각도 0°의 상태로 커트가 시술되어 모든 모발이 동일한 위치에서 커트된다.
③ 실제 커트 시술 시 층이 나지 않도록 커트하는 것이 쉽지만은 않다.

원랭스 커트의 포인트

빗질

텐션(Tention, 당기는 힘)이 거의 없게 빗질한다. 머릿결을 지면에 수직으로 잘 빗질해야 한다. 빗질이 정확하지 않으면 커트 후에 커트선을 체크했을 때 커트선이 일치하지 않을 수 있다.

섹션

원랭스 커트는 모든 판넬을 자연각도 0°의 각도로 지면으로 떨어뜨려서 커트를 해야 한다. 섹션은 수평섹션으로 주로 커트한다.

원랭스 커트의 4가지 패턴

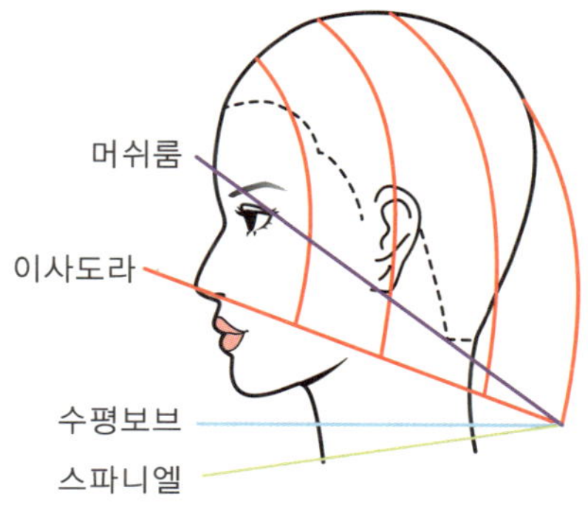

머쉬룸(Mushroom, Halo) 스타일

원랭스 커트 중에서 앞머리가 앞이마 선에 위치하고 뒷머리와 커트선을 연결할 때 가장 급격한 각도를 가진다. 일명 버섯머리 커트라고도 한다.

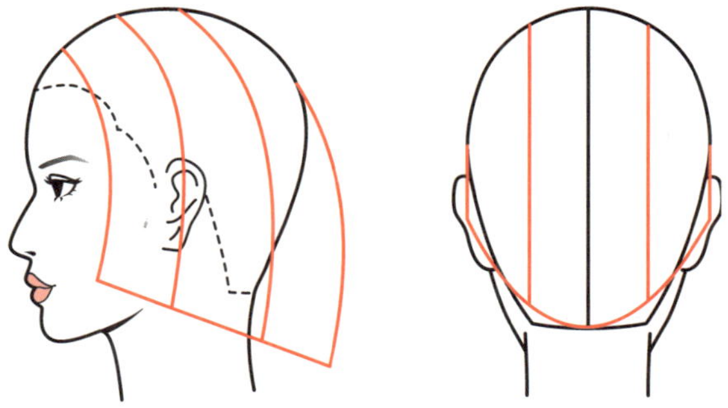

이사도라(Isadora) 스타일

이사도라 스타일은 머쉬룸 스타일보다는 커트선 각도가 급격하지 않고, 앞머리 길이가 뒷머리 길이보다 짧은 스타일이다. 커트 라인으로 보면 후대각 라인이다.

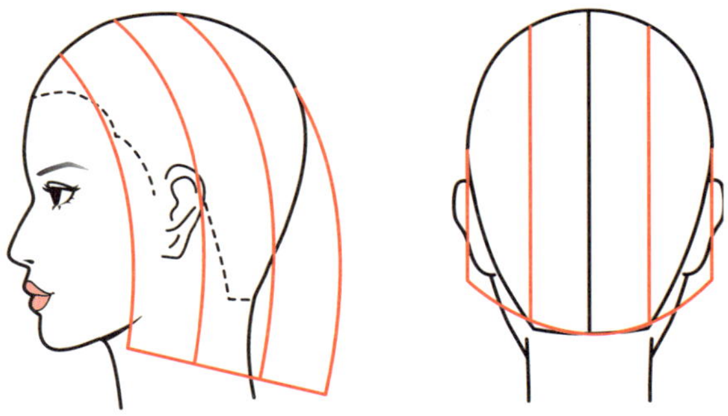

수평보브(Straight Bob) 스타일

수평보브 스타일은 지면과 수평되게 커트선이 형성된다.

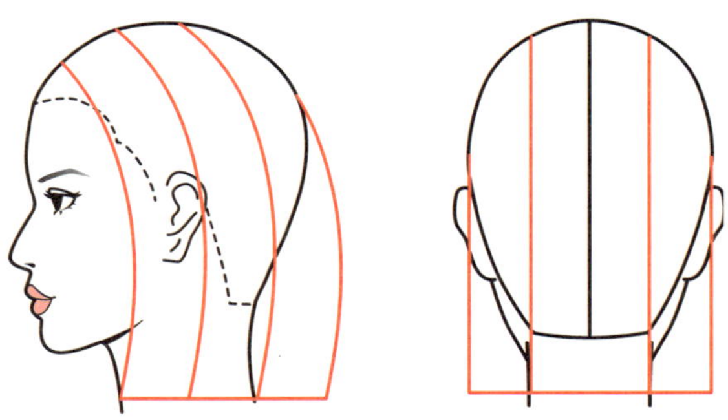

스파니엘(Spaniel) 스타일

스타니엘 스타일은 앞머리 길이가 뒷머리 길이보다 긴 스타일이다. 커트 라인으로 보면 전대각 라인이다.

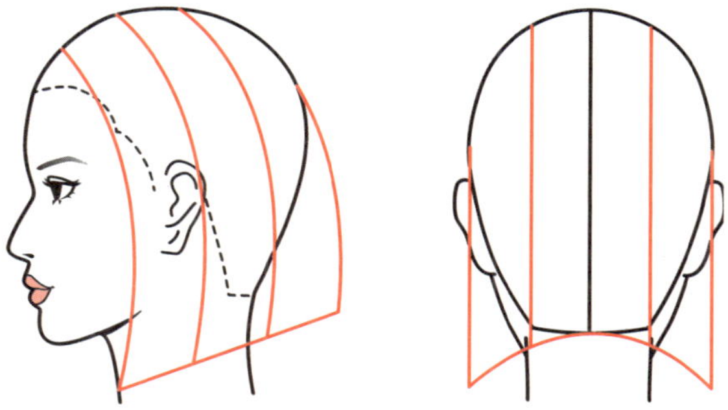

커트의 종류와 각도의 관계

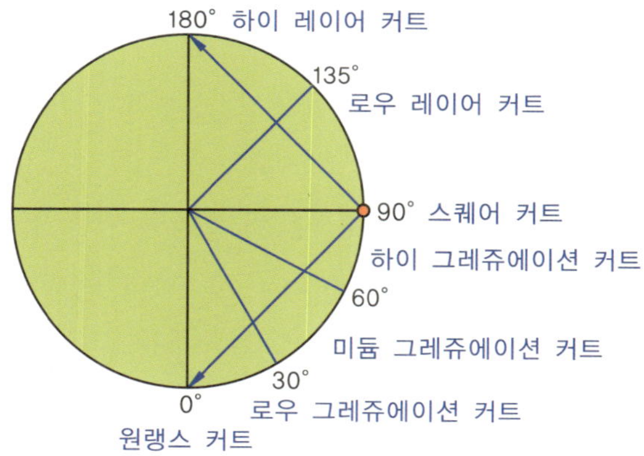

- 원랭스 커트 : 0°
- 로우 그레쥬에이션 커트 : 0°〈 * 〈– 30°
- 미듐 그레쥬에이션 커트 : 30°〈 * 〈– 60°
- 하이 그레쥬에이션 커트 : 60°〈 * 〈90°
- 스퀘어 커트 : 90°
- 로우 레이어 커트 : 90°〈 * 〈135°
- 하이 레이어커트 : 135°〈 * 〈180°

2 그레쥬에이션 커트 (Graduation cut)

그레쥬에이션의 사전적 의미는 '층, 계단, 점진적인 성장' 등으로 헤어스타일에서 네이프 부분의 길이는 짧고 두정부 부분으로 갈수록 머리 기장이 길어지는 스타일의 커트이며 스타일 전체적으로 길이에 작은 단차가 생긴다. 기장이 쇼트, 미듐 스타일에 응용되는 커트이다.

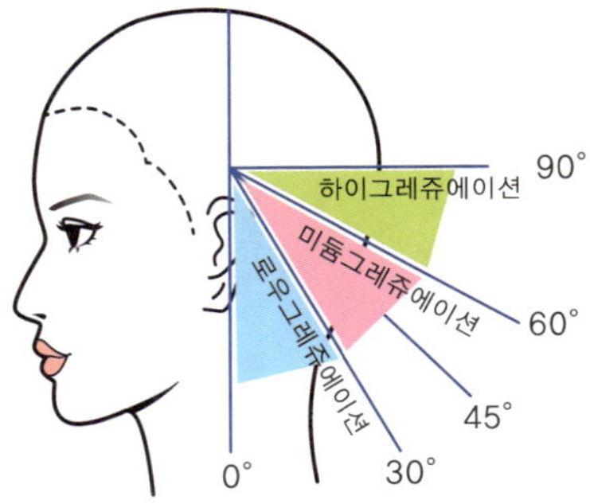

그레쥬에이션 커트와 각도

3 레이어 커트 (Layers cut)

레이어 커트는 '층이 있다','쌓다' 등의 뜻으로 다른 커트와 다르게 일정하게 층을 나게 하는 커트 스타일이다. 두상 어느 부분에서도 90° 각도를 유지하고 단차가 나게 자르는 방식이다. 레이어드(layered, 층이 있는) 커트의 일종으로 가벼운 느낌이 나도록 층의 차를 많이 나게 하는 스타일이다. 상부의 두발은 짧고 하부로 갈수록 길이가 동일하거나 길어져 두발의 단차가 생기는 커트 기법으로, 긴머리, 짧은 머리 모두 폭넓게 응용된다. 인크리스 레이어, 디크리스 레이어, 유니폼 레이어(라운드 레이어), 스퀘어 레이어와 같은 스타일이 있다.

디크리스 레이어 커트(Decrease layers cut)

다른 말로 인레이어 커트라고도 하며, 층이 나는 레이어 커트 스타일로 두상에서 윗머리(탑 부분) 기장이 아래(네이프) 부분의 머리보다 긴 스타일로 층이 점점 감소하는 스타일이다.

인크리스 레이어 커트(Increase layers cut)

다른 말로 아웃 레이어라고도 하며, 층이 나는 레이어 커트 스타일로 두상에서 윗머리(탑 부분) 기장이 아래(네이프) 부분의 머리보다 짧은 스타일로 층이 점점 많이 나는 스타일로 긴 머리 스타일에 주로 표현한다.

유니폼 레이어 커트(Uniform layers cut)

두상 어디서나 모발의 길이가 동일한 스타일이다. 주로 짧은 레이어 커트 스타일이다.

스퀘어 레이어 커트(Square layers cut)

두상의 한 지점에서 직각 또는 180°로 들어 커트하는 스타일이다.

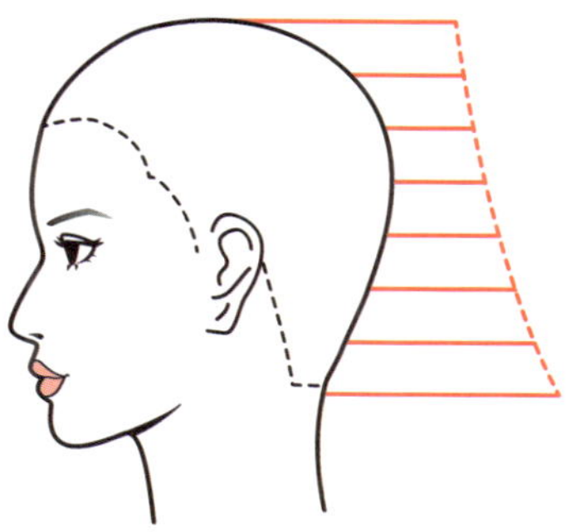

인크리스 레이어 커트

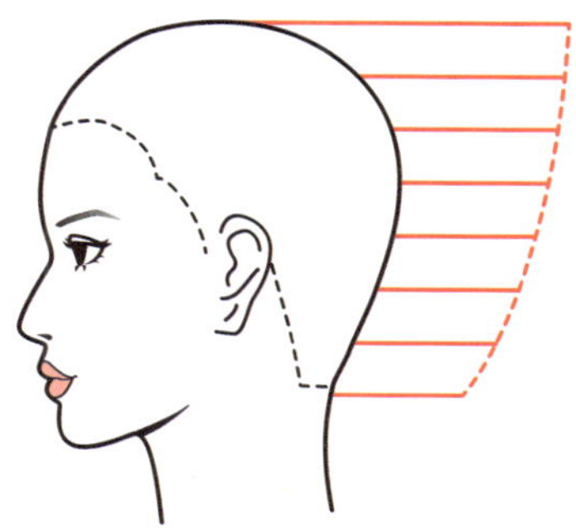

디크리스 레이어 커트

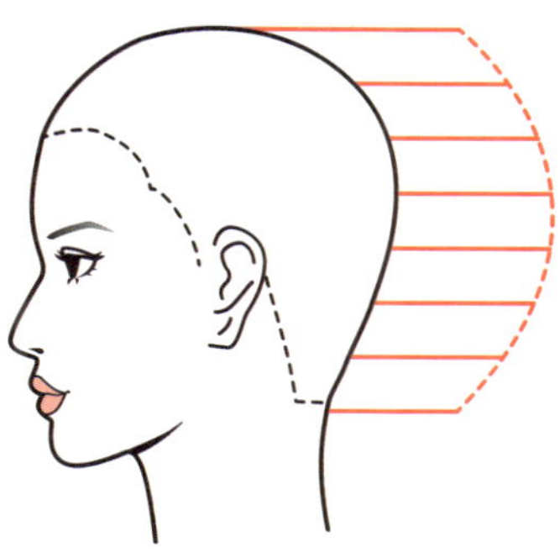

유니폼 레이어 커트

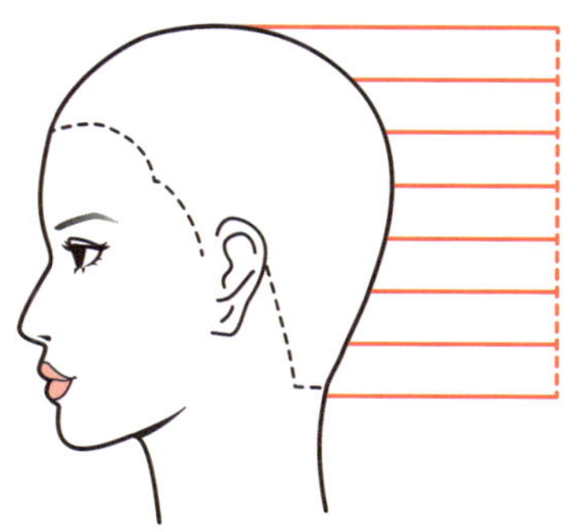

스퀘어 레이어 커트

4 커트 종류 그리기

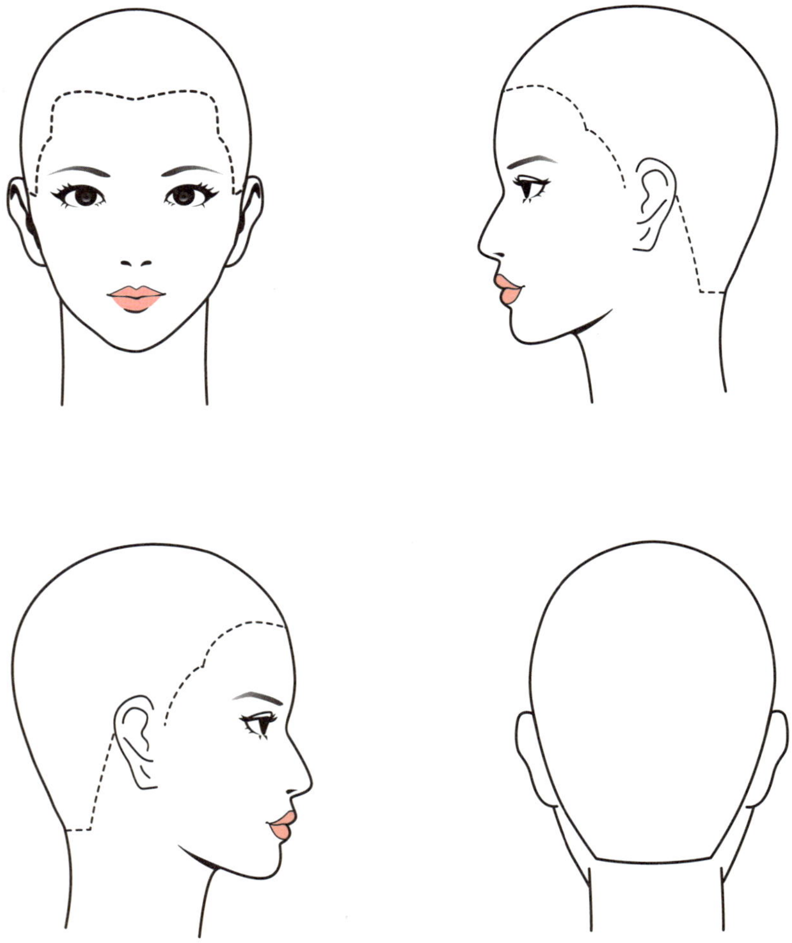

02 커트선의 연결에 따른 분류

층이 아닌 커트선의 연결, 아웃라인의 연결로 커트스타일을 말하기도 한다.

1 디스커넥 커트 (Disconnect cut)

디스커넥의 사전적 의미는 '연결을 끊다', '분리하다'로 헤어스타일에 있어서는 커트선이 연결되지 않고 분리 또는 연결이 끊어지는 스타일을 말한다.
예를 들어 샤기커트(shaggy cut) 등은 모발 끝선이나 커트선이 커트 기법에 따라 연결이 되지 않는 디스커넥 스타일이다.

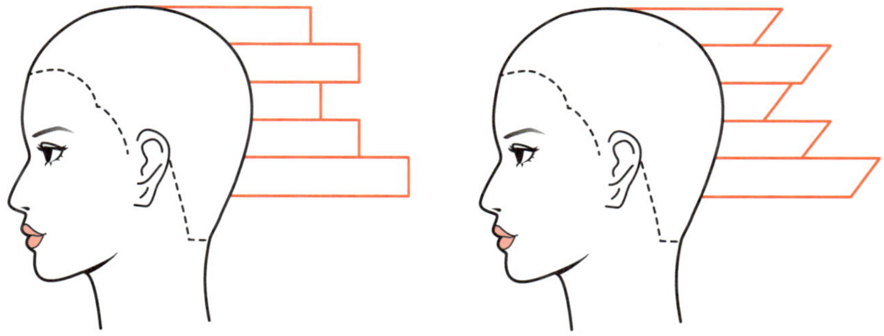

2 혼합형 커트 (Combination cut)

혼합형 커트는 두 가지 스타일이 혼합되어 커트가 완성되는 스타일이다.
예를 들어 원랭스와 그래쥬에이션 커트, 원랭스 커트 중 수평보브와 이사도라형의 혼합, 상하, 앞뒤 등 여러 가지 커트가 여기에 포함된다.

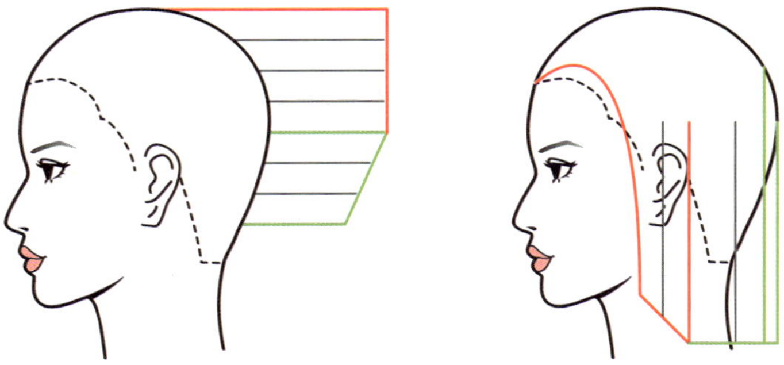

03 질감처리 기법

1 테이퍼링 (Tapering)

페더링이라고도 하며, 모발의 끝을 점차 가늘게 커트하여 끝으로 갈수록 붓처럼 가늘게 하는 방법으로 모발에 자연스런 장단을 만든다. 테이퍼링은 레이저나 틴닝 가위로 한다.

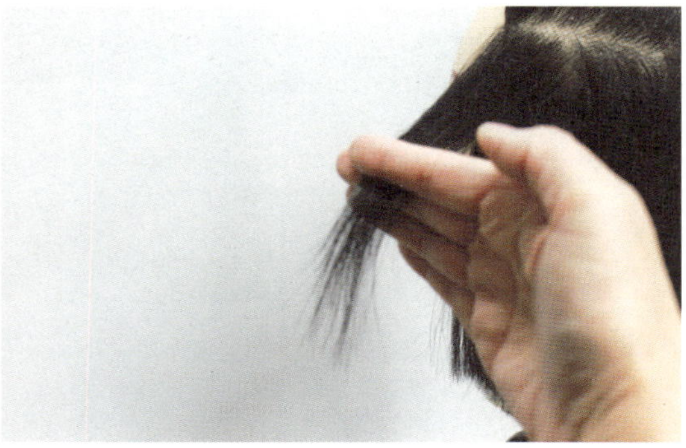

2 틴닝 (Thining)

모발의 길이는 변화를 주지 않으면서 전체적인 모량만 감소시키는 기법이다. 스타일에 따라 헤어라인 주위의 모발은 다른 부위의 모발보다 가늘어 틴닝 시 잘려진 짧은 모발들이 외부로 두드러져 보이므로 틴닝은 피한다.

틴닝의 방법

틴닝을 어떻게 하는가에 따라 모발의 흐름 방향감을 줄 수 있고, 기본적으로 모발의 양을 감소시킨다.

기본 틴닝

안말음 틴닝

바깥말음 틴닝

모발 길이에 따른 틴닝의 종류

두피에 가까이에서 틴닝을 하느냐, 모선에서 틴닝을 하느냐에 따라 분류할 수 있다.

두피 가까이(두피 가까이의 1/3 지점)

모발의 중간(모발 길이의 1/2 지점)

모발의 끝(모선 가까이 1/3 지점)

3 슬라이드 커트 (Slide cut)

모발 끝을 향해서 미끌어지듯이 커트하는 기법이다.

4 클리핑 (Clipping)

남자머리 커트 시 커트선에서 부분부분을 클리퍼를 이용하여 질감처리 할 수 있다.

5 싱글링 (Singling)

두발에 빗을 대고 천천히 두상을 따라 위로 이동시키면서 빗에 끼어있는 두발을 가위로 커트하는 기법이다.

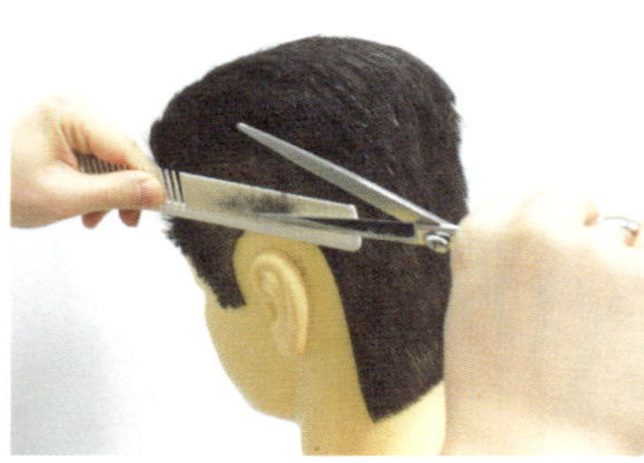
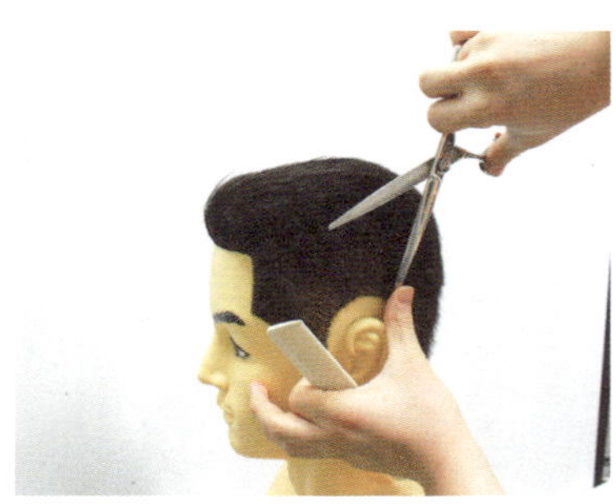

6 포인트 커트 (Point cut)

커트 후 라인이 무겁게 떨어진 두발의 끝을 가위와 슬라이스와의 각도를 45° 정도로 비스듬히하여 커트하는 기법이다.

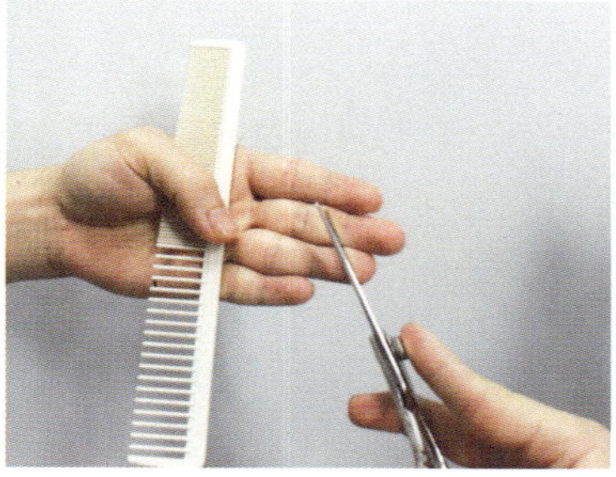

손 안 포인트 커트

손등 포인트 커트

7 스트록 기법 (Stroke technique)

기본개념

① 샤기(Shaggy, 불규칙적으로 커트, 깃털이 세워져 있는 듯한 가벼움을 나타내기 위한 테크닉)한 즉 가볍고, 조금은 거친 느낌을 내기 위한 것으로 모발 끝의 움직임과 가벼움, 이상적인 형태와 부드러운 라인을 나타내기 위함이다.

② 스트록(stroke)을 직접 해 나감으로써 형태를 만들어 가는 부드러운 느낌이 블런트 커트와는 다른 개념이다.

블런트 커트(Blunt cut)

① 장점
모발을 나란히 정리해서 커트선이 직선이 되도록 연결하여 커트하기 때문에 가이드를 알기 쉽고, 정확한 라인에 맞춰 커트한다.

② 단점
무겁고 직선적인 라인으로 구성된 스타일로 질감이 부드럽기보다는 무겁고 딱딱한 느낌을 줄 수 있다.

쇼트 스트록(Short stroke)

① 장점
모발 끝의 지그재그로써 하는 중요한 테크닉 볼륨과 모발의 흐름, 모발의 길이를 확인하면서 커트하는 것이 특징으로 블런트 커트한 후 어느 정도 시간이 지난 후의 커트 선이라고 생각하면 된다.

② 단점
이 방법만으로 디자인을 완성하는 것은 거의 없고 이 방법에서 롱 스트록(long stroke)과 테이퍼링 등을 사용해서 디자인을 완성한다.

미듐 스트록(Medium stroke)

모발의 폭에서 1/2 정도 들어가는 기법

① 장점
모발이 적은 사람은 이 기법으로 샤기 헤어(shaggy hair)를 표현하고 덥수룩한 양감이 있는 형태를 얻을 수 있다.

② 단점

볼륨감과 길이는 볼 수 있지만, 가이드를 연결해서 한 커트를 많이 하지 않는 사람은 가이드를 잃어버리는 경우가 많다. 이런 경우에는 드라이를 해서 커트한다.

롱 스트록(Long stroke)

① 장점

지그재그가 보다 깊이 들어가기 때문에 볼륨감을 더욱 느낄 수 있다. 모발 끝의 움직임도 보다 자유스럽고 바람이 불면 모발이 자연스럽게 흔들리는 듯한 느낌이다. 모발의 양이 많고 보다 강한 샤기 스타일을 원하는 사람에게 최적이다.

② 단점

모발 끝이 너무 얇게 되어 있어 정확하고 확실한 방향성을 얻을 수 없다. 그리고 모발을 말려서 커트하지 않으면 양감과 질감을 확인하기가 어렵다.

③ 기법

Medium stroke, Impact cut, Thinning, Long stroke

스윙(Swing, 손의 흔듦)

스트록을 잘하기 위해서는 안정된 swing(스윙)을 할 수 있어야 한다. 스윙을 할 때 손 안에서 가위가 확실하게 잡혀 있지 않으면 손가락을 자르거나 가위가 두피에 닿거나 하는 위험이 따른다. 따라서 가위는 손 안에서 안정되게 잡는다.

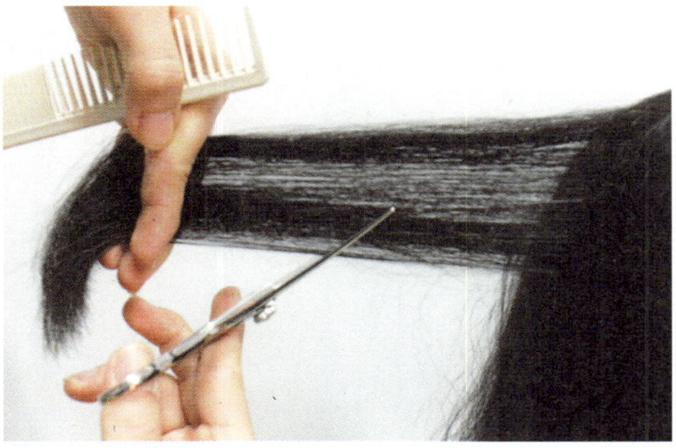

스트록(stroke) 하는 방법

미듐 스트록(Medium stroke)을 할 생각으로 가위 끝 부분을 모발에 넣으면 아무리 스윙을 해도 끝나고 나면 쇼트 스트록 느낌이 나타난다. 결국 가위의 끝 부분, 중간 부분, 안쪽 부분으로 나누어서 시작하지 않으면 안 된다. 또 모발의 길이에 따라서 스트록의 폭을 정하지 않으면 안 된다. 짧은 모발에 큰 스윙을 하면 두피에 가위를 부딪히는 경우가 생겨서 위험하다. 우선 위그로 스트록의 스윙에 따른 폭과 두피의 거리를 감각적으로 익혀야 한다.

롱 스트록(Long stroke)

가위의 안쪽 부분에서 시작한다.

미듐 스트록(Medium stroke)

가위의 중반부에서 시작한다.

쇼트 스트록(Short stroke)

가위의 끝부분에서 시작 손목의 위치가 정확하게 되어도 모발에 대해 가위를 넣는 방법에 따라 스트록의 크고 작음이 나타난다.

가위 깊이에 따른 스트록 사이드 스트록

스트록 커트(Stroke cut)의 기본자세

사이드 스트록(Side stroke)

호리존탈(Horizontal) 섹션으로 슬라이스(slice)를 잡아서 모발의 옆에서 스트록 할 때의 기본 자세이다.

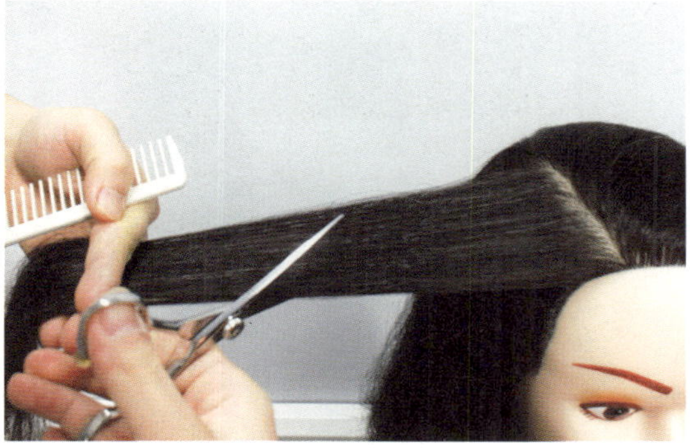

다운 스트록(Down stroke)

버티컬(Vertical) 섹션으로 슬라이스를 잡고 위에서 밑 방향으로 스트록을 하는 기본자세이다.

업 스트록(Up stroke)

버티컬(Vertical) 섹션으로 슬라이스를 잡고 밑에서 위 방향으로 스트록을 하는 기본자세이다.

임팩트(Impact)

탑 부분 위주로 볼륨감을 주고, 스트록 커트를 원할 때 시술한다.

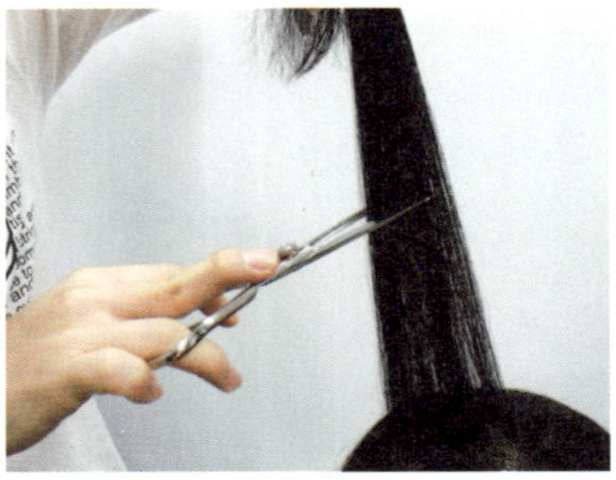

memo

BASIC CUT

CHAPTER 08

가위·빗 잡는 법과 실습

01 _ 가위 잡는 법

1 가위 잡는 법

① 빗을 잡는 손으로 가위의 나사가 자신을 바라보도록 잡고 고정날에 오른손의 약지손가락을 끼운다.

② 동날에 오른손 엄지를 끼우되 너무 많이 끼워 넣지 말고 손끝에 걸치는 듯 끼운다.

③ 가위의 움직임 동작은 엄지날만 움직이고 나머지 약지와 세 손가락은 가지런히 하여 움직이지 않고 엄지날의 힘을 받쳐주는 역할을 한다.

④ 커트를 하지 않을 때에는 가위의 날을 닫은 뒤 엄지환에서 엄지를 빼고 가볍게 주먹을 쥐는 동작으로 가위를 쥔다.
다른 방법으로 가위를 돌려서 가위가 약지와 소지에 끼워지게 고정한다.

⑤ 엄지환에서 엄지를 뺀 상태에서 엄지, 검지, 중지를 이용하여 빗을 쥐고 빗질을 한다.

2 가위 잡는 순서

기본 잡는 법

오른손

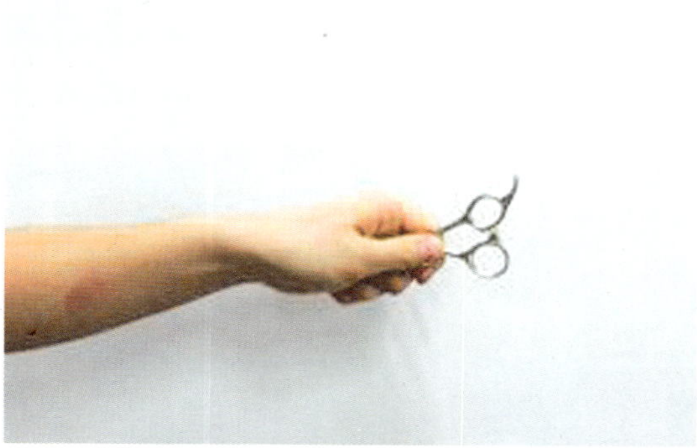

1 가위를 왼손으로 가볍게 잡는다.

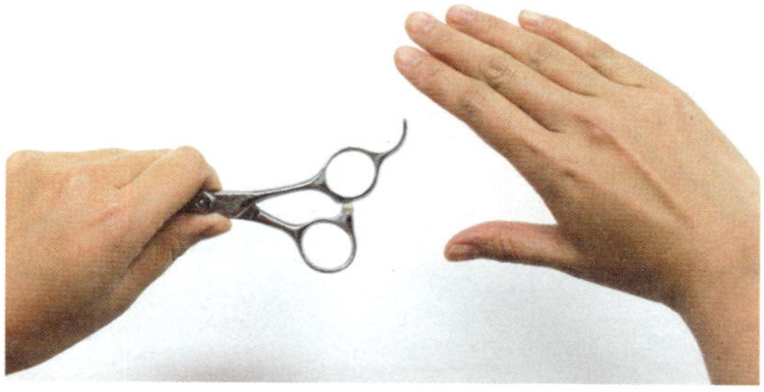

2 오른손으로 가위를 잡기 위해 손을 편다.

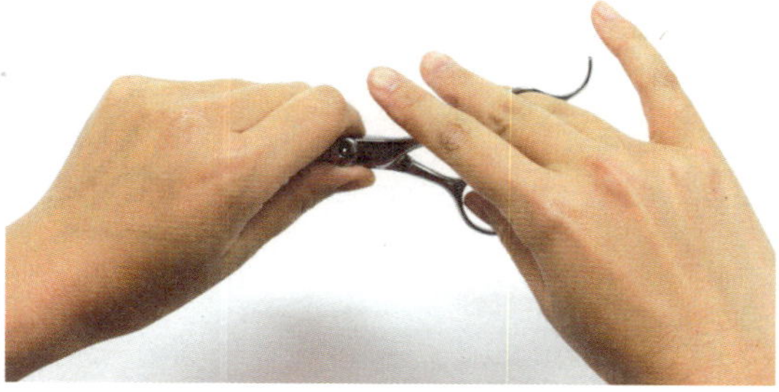

3 오른손가락 약지를 엄지환에 넣는다.

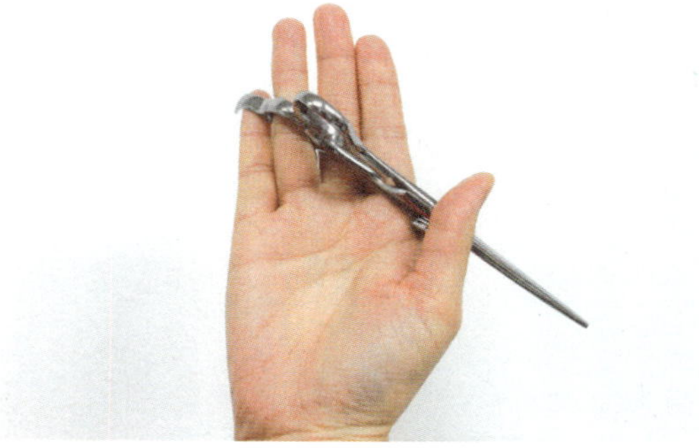

4 손바닥에서 가위 위치이다.

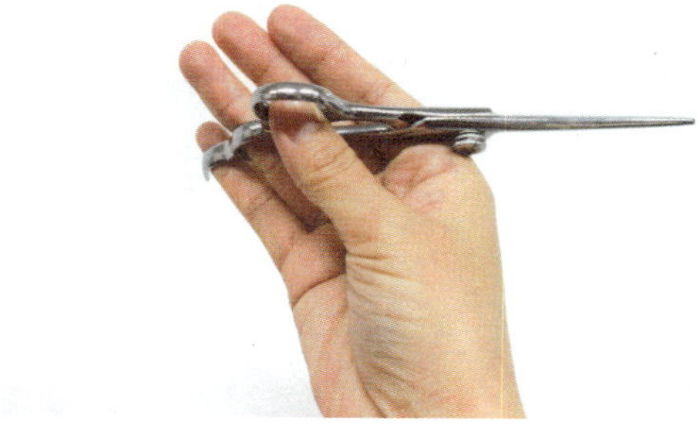

5 엄지를 엄지환에 살짝 넣는다.

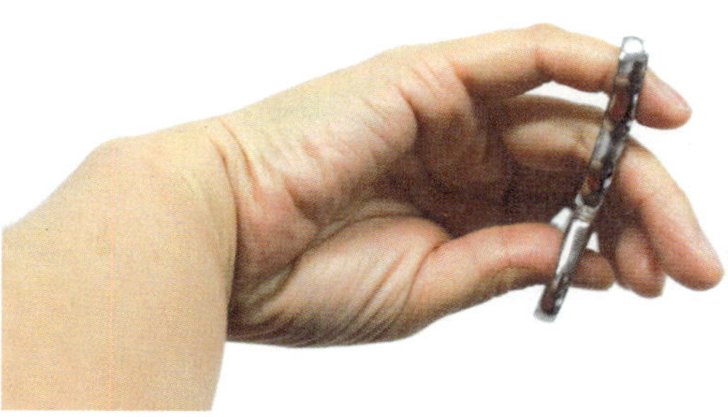

6 엄지와 약지로 가위를 잡은 손이다.

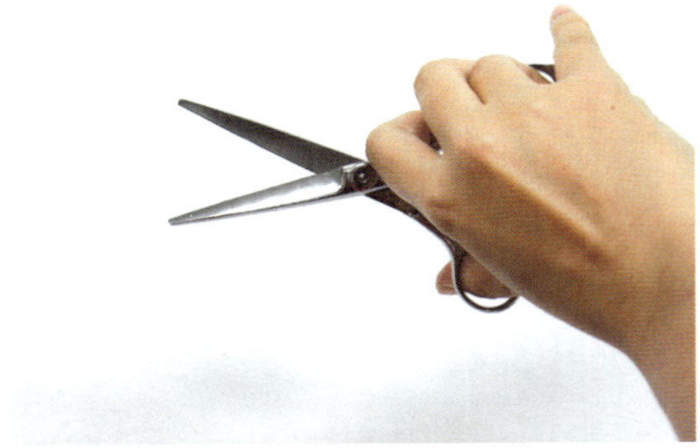

7 가위를 벌린 모습이다.

8 가위 개폐동작이 끝난 후 살며시 잡는다.

왼손

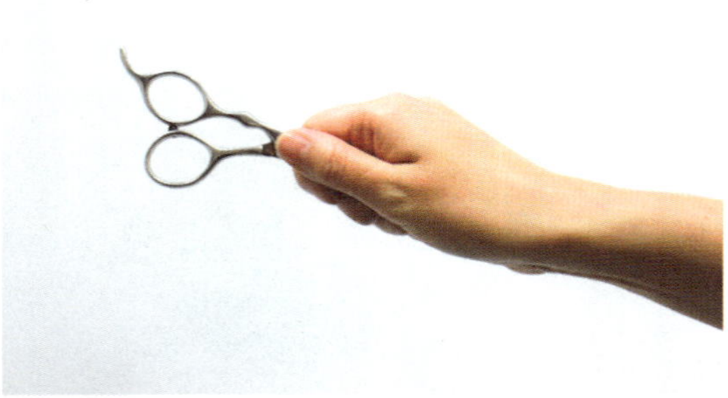

1 오른손으로 가위를 살며시 잡는다.

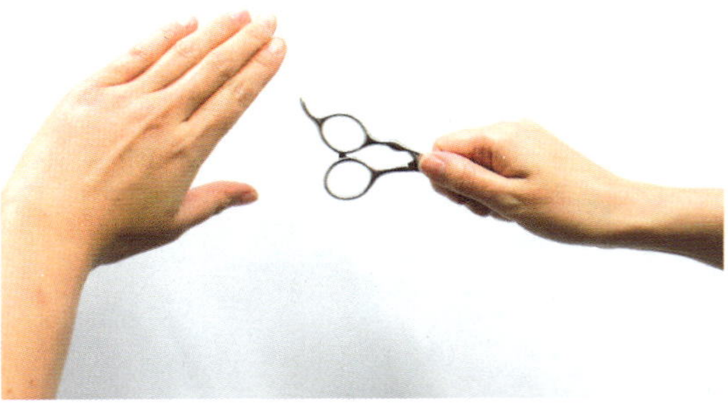

2 왼손으로 가위를 잡기 위해 손을 편다.

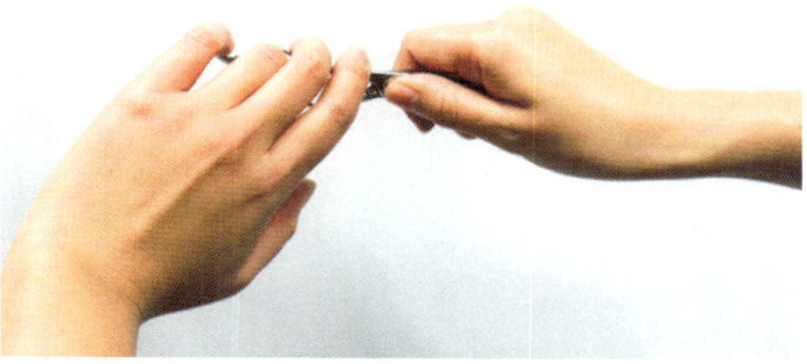

3 왼손 약지로 약지환에 넣는다.

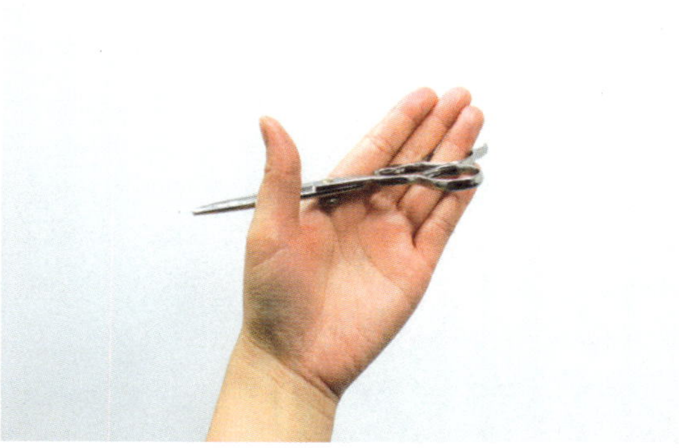

4 왼손 잡은 모습이다.

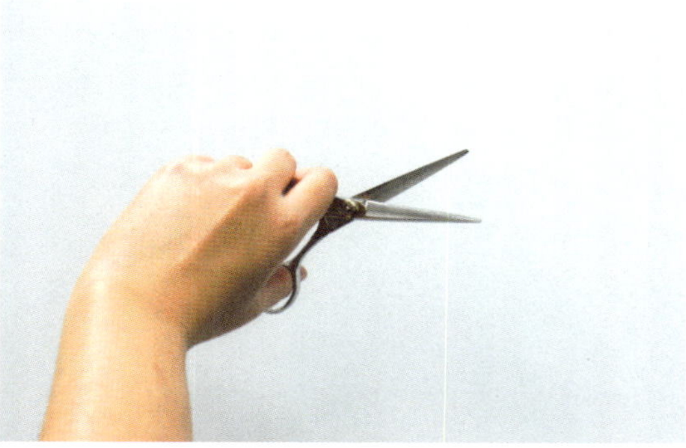

5 가위를 벌린 모습이다.

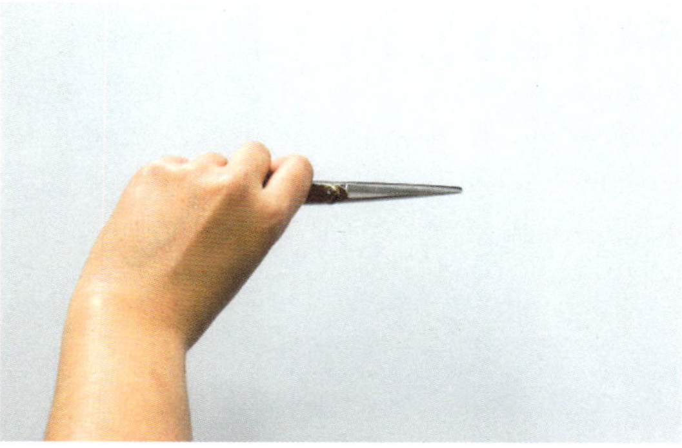

6 가위를 개폐가 끝난 후 살며시 잡는다.

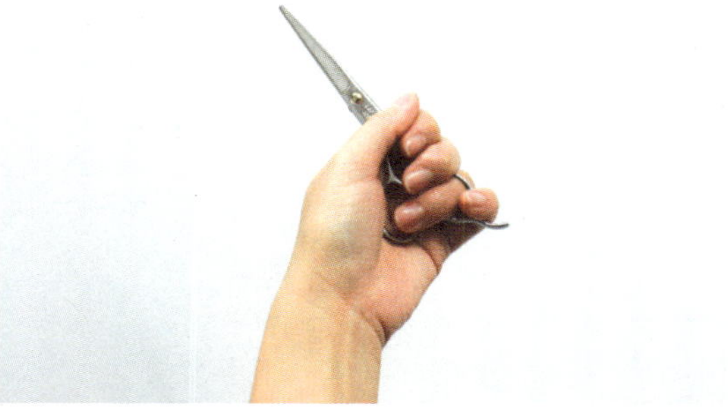

7 살며시 잡은 모습이다.

응용 잡는 법

오른손으로 응용 가위 잡기

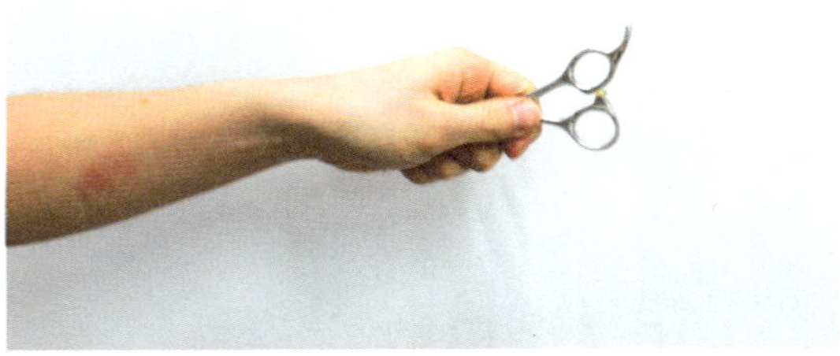
1 가위를 왼손으로 가볍게 잡는다.

2 오른손의 엄지와 약지로 가위 잡은 모습이다.

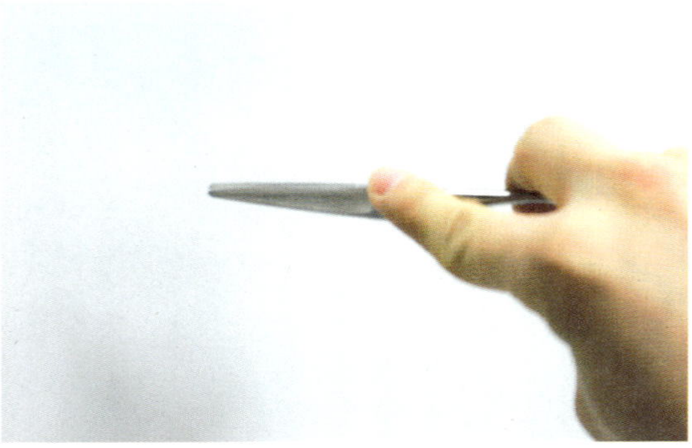
3 응용가위를 잡은 모습이다.

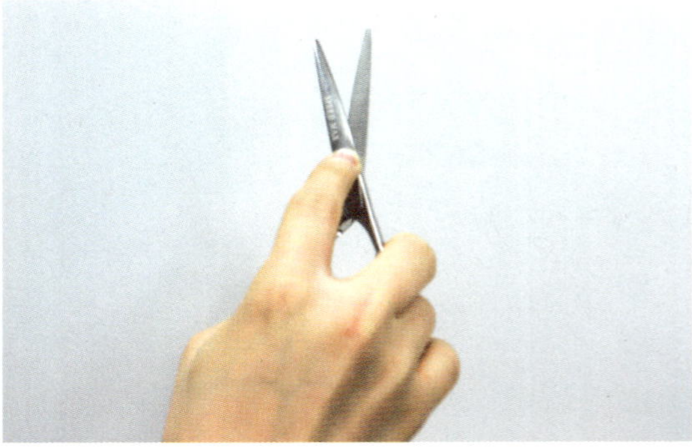
4 가위를 열은 모습이다.

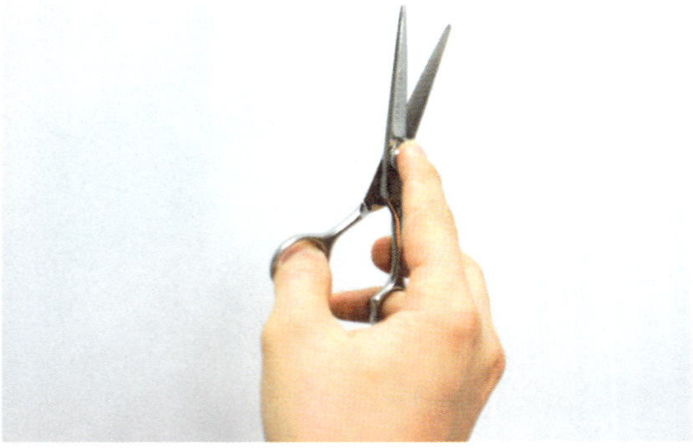
5 가위가 열린 모습이다.

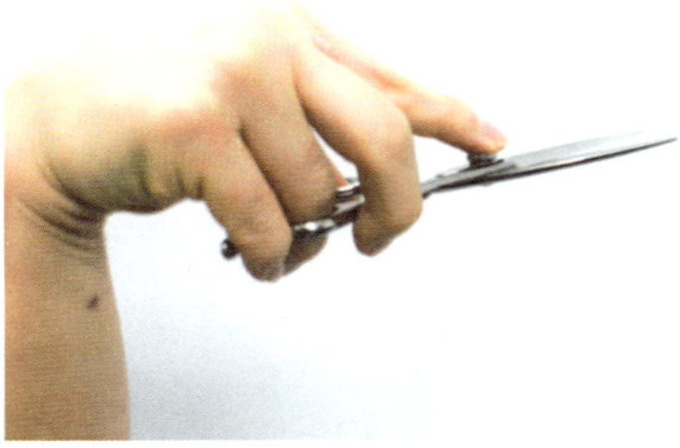

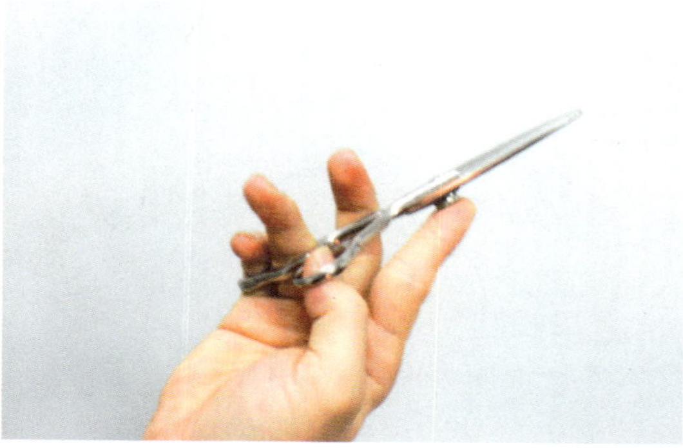

6 가위 잡은 모습이다.

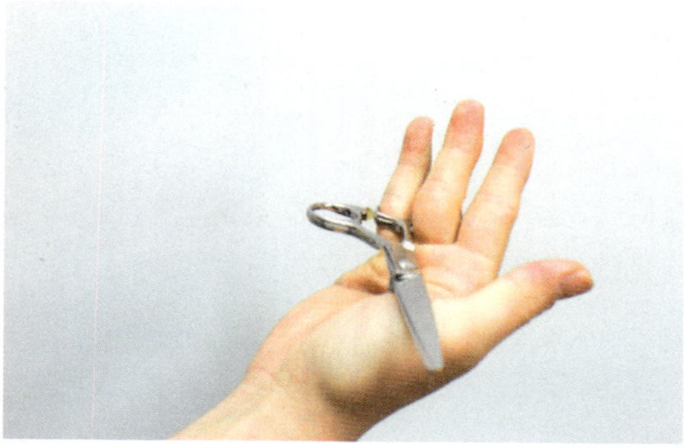

7 개폐를 한 후 가위 잡기 위한 모습이다.

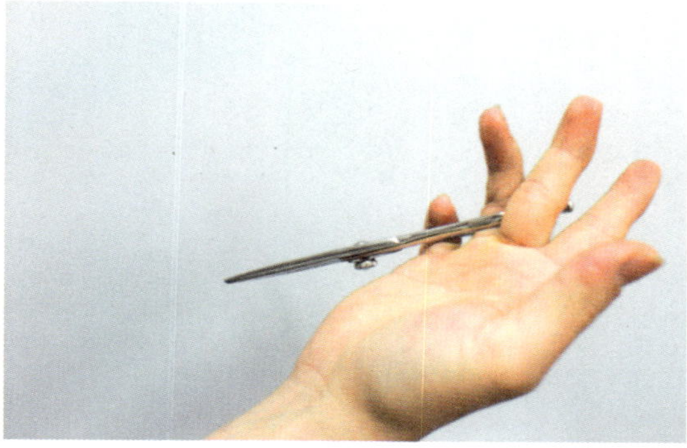

8 검지로 가위를 튕겨 약지와 소지로 잡는다.

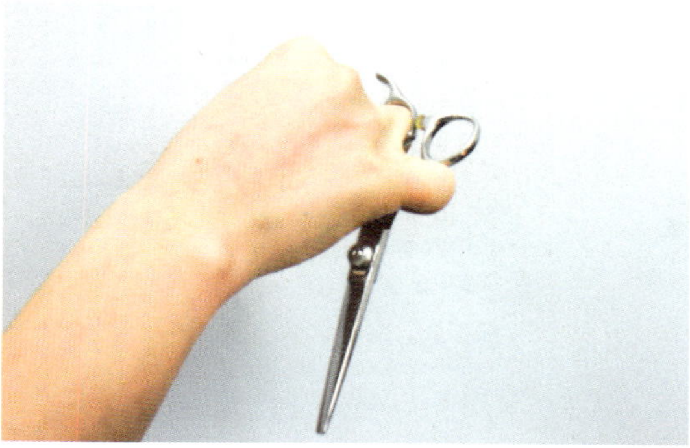

9 약지와 소지로 가위를 잡는다.

왼손으로 응용 가위잡기

1 오른손으로 가위를 살며시 잡는다.

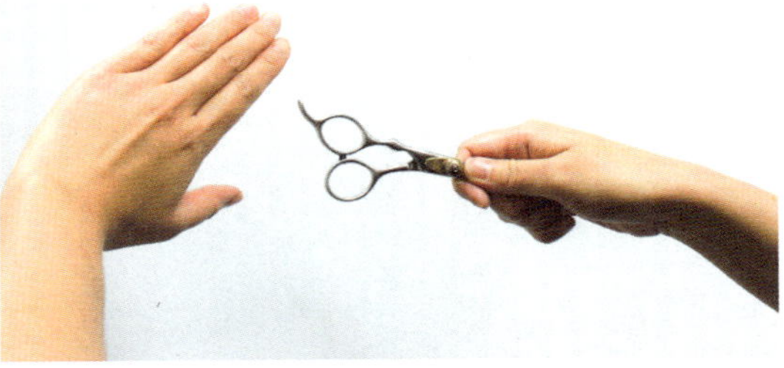

2 왼손으로 가위를 잡게 위해 손을 편다.

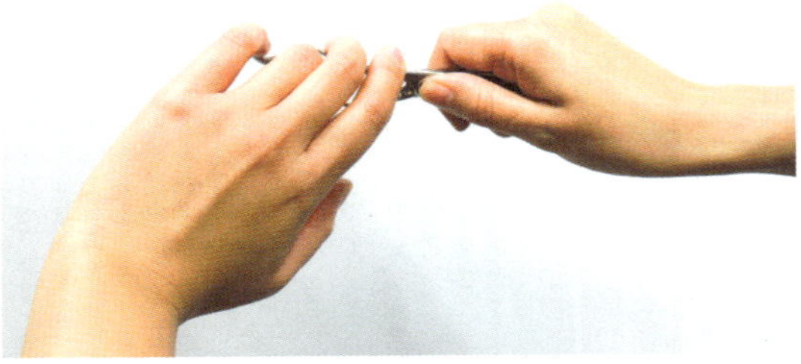

3 약지를 가위에 넣는다.

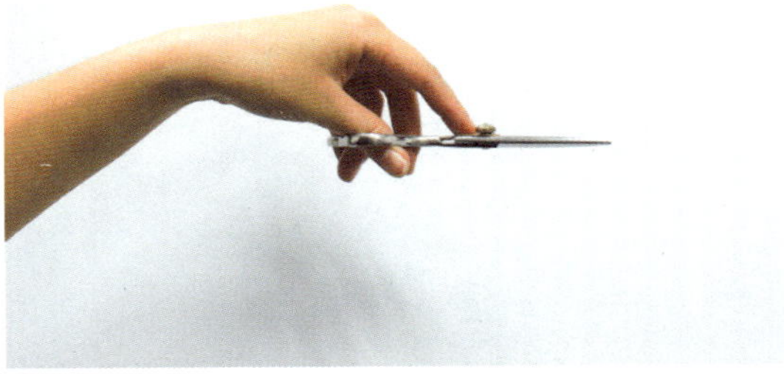

4 엄지와 약지로 가위 잡은 모습이다.

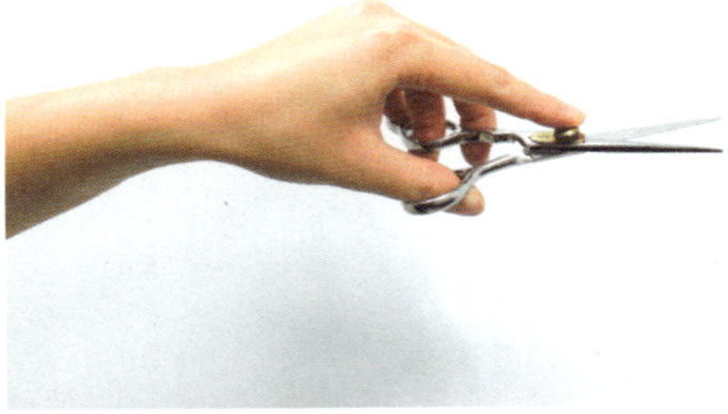

5 가위를 열은 모습이다.

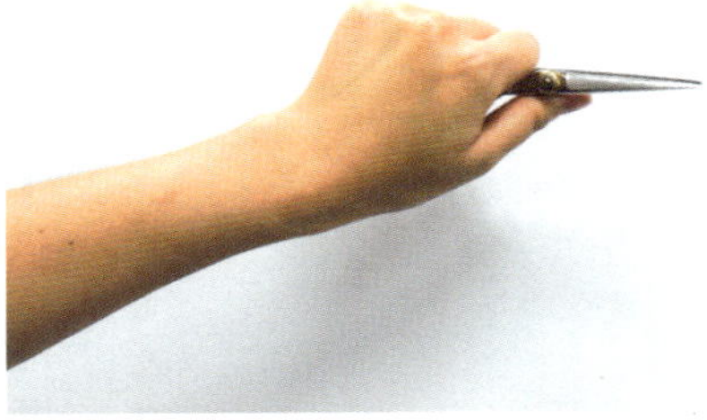

6 가위를 개폐 후 다시 잡은 모습이다.

02 빗 잡는 법과 빗을 돌리는 법

1 빗 잡는 법

① 잡을 손에 빗을 올려 놓는다.

② 엄지로 빗을 살며시 잡는다.

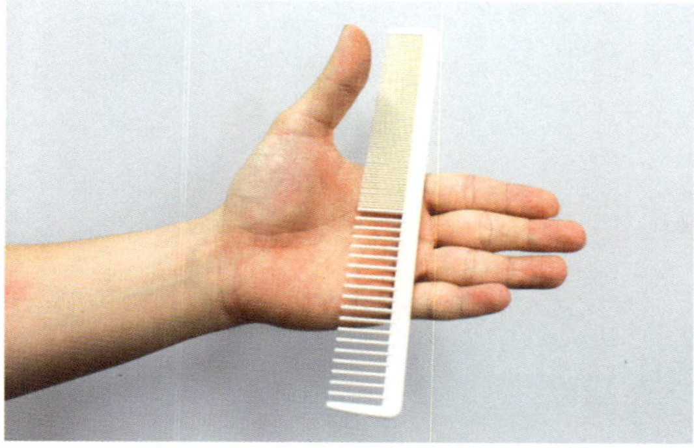

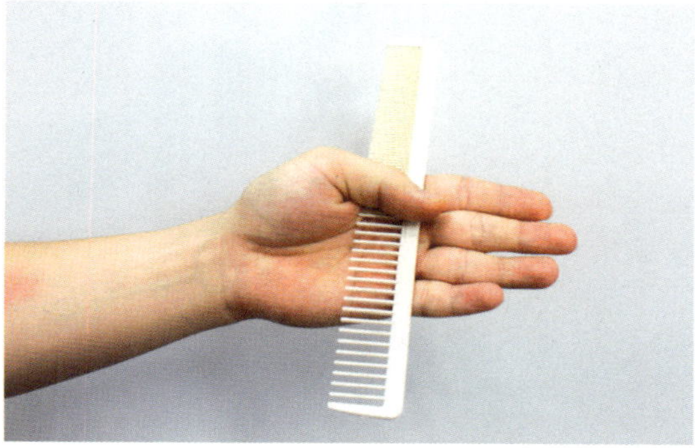

2 빗 돌리는 법

① 빗의 중간을 엄지, 검지, 중지로 살며시 잡는다.

② 돌리고자 하는 방향으로 엄지, 검지, 중지를 이용하여 빗을 회전시킨다.

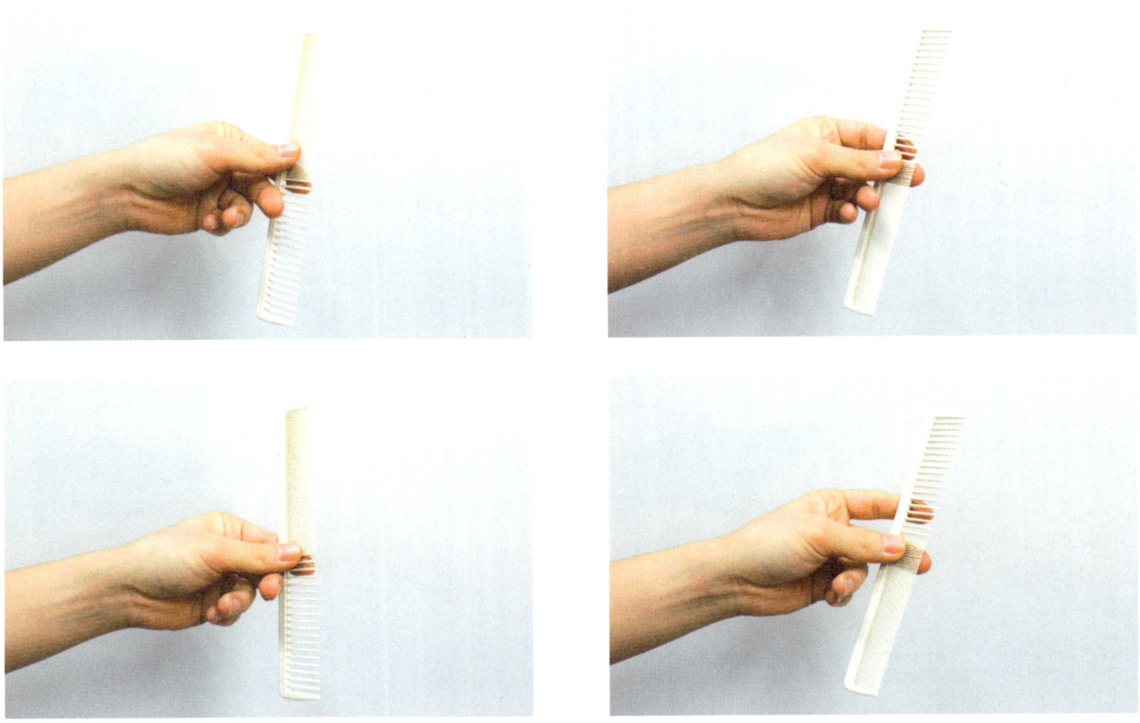

03 가위와 빗을 잡는 법

1 빗과 가위 사용법

① 커트 시 빗질할 때는 반드시 엄지환에서 엄지 손가락을 빼고 가윗날을 닫은 상태에서 빗을 쥐고 빗질한다.

② 커트할 때 빗은 내려놓지 않고 왼손 엄지손가락 사이에 끼웠다가 다시 오른손으로 빗질하여 오른손, 왼손으로 빗을 옮겨 가면서 사용한다.

2 오른손으로 빗과 가위 잡기

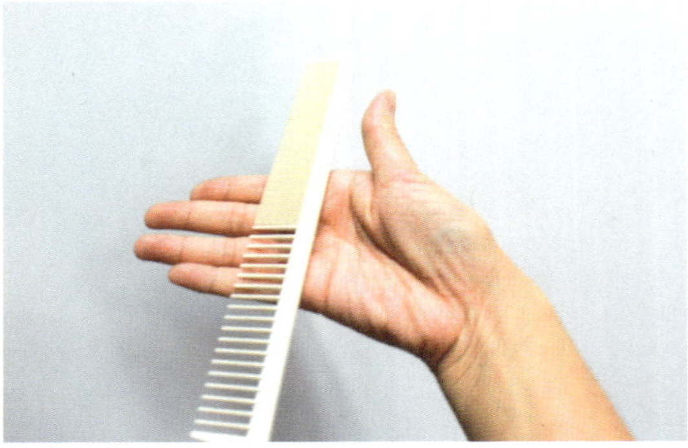

1 빗을 오른손 위에 살며시 놓는다.

2 엄지로 빗의 중간을 살며시 잡는다.

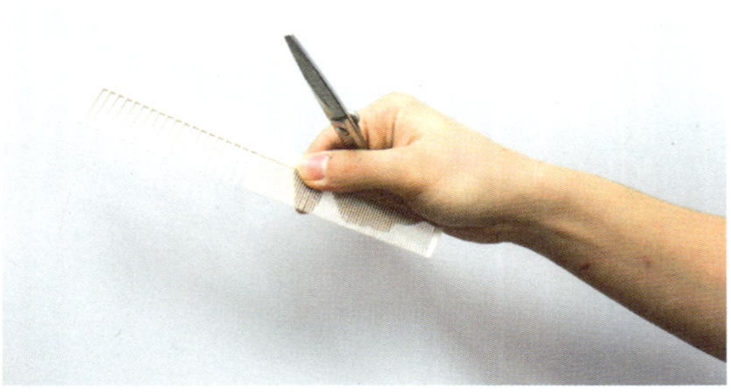

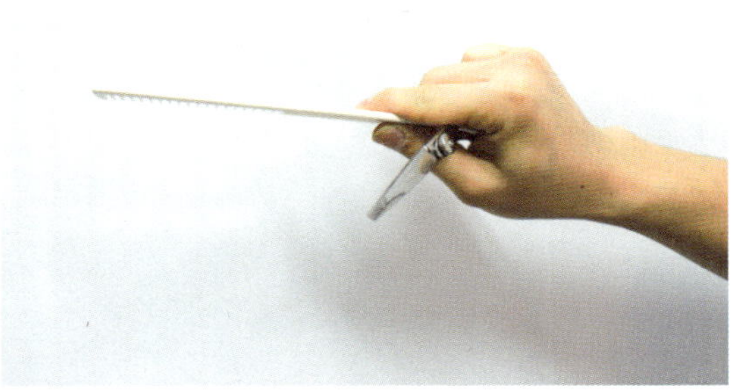

3 빗과 가위를 동시에 잡은 모습이다.

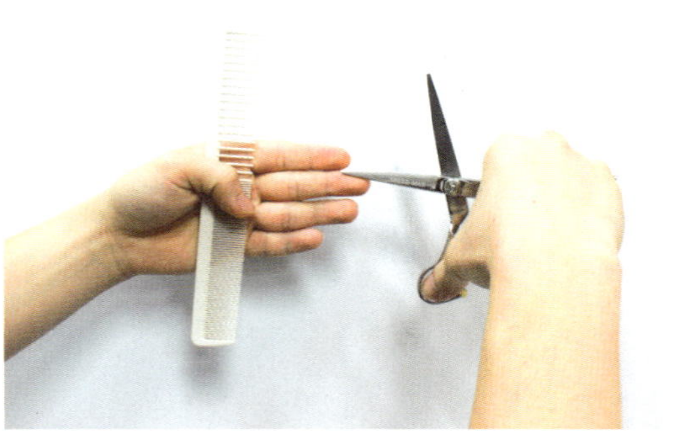

4 머리카락을 자르기 위해 빗은 왼손에 잡고 가위를 열은 모습이다.

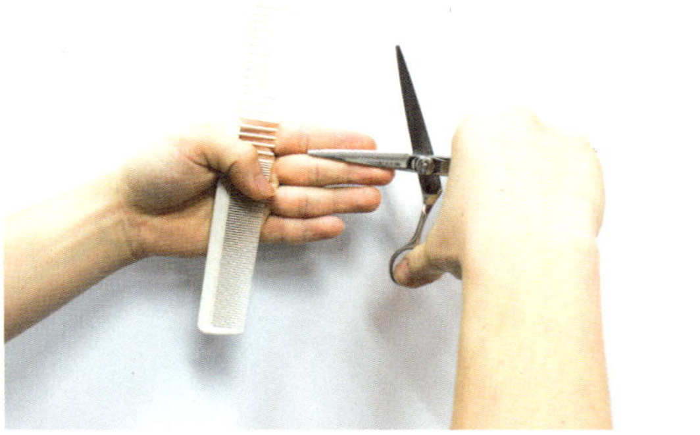

5 왼손 검지와 중지를 중심으로 커트해 가는 모습이다.

3 왼손으로 빗과 가위 잡기

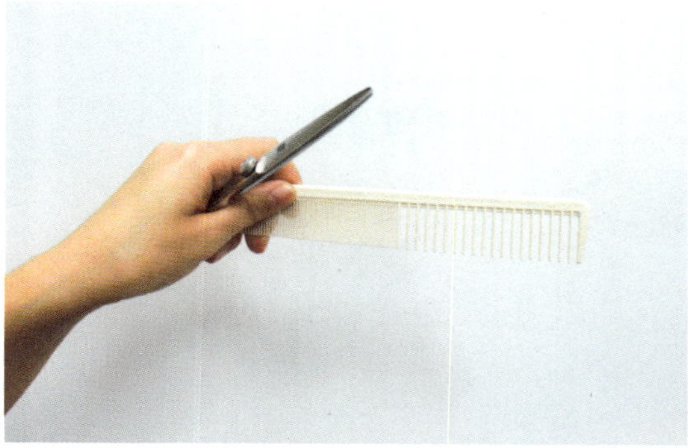

1 왼손으로 빗과 가위 잡은 모습이다.

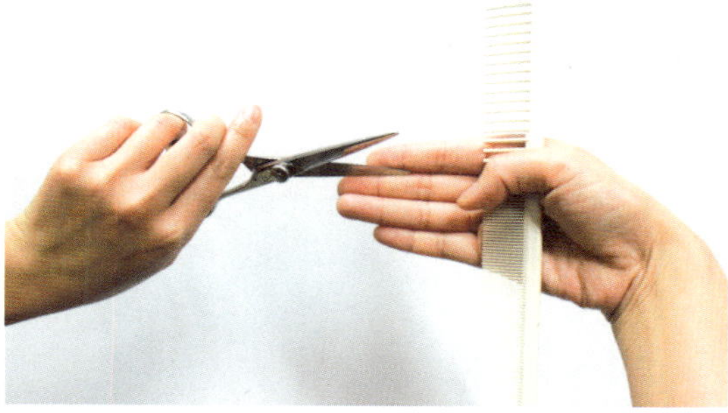

2 가위질을 하기 위해 오른손에 빗을 잡고, 왼손으로 가위를 연 모습이다.

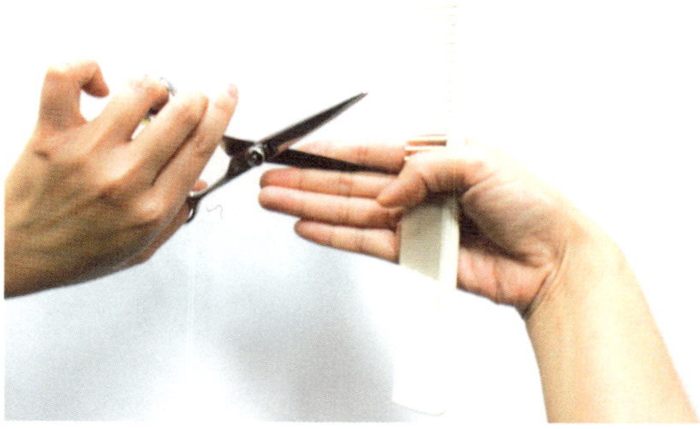

3 오른손 검지와 중지로 커트 진행 모습이다.

4 오른손으로 손등 커트하기

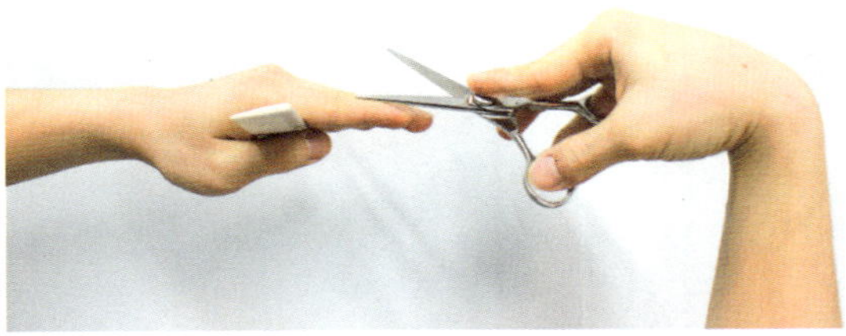

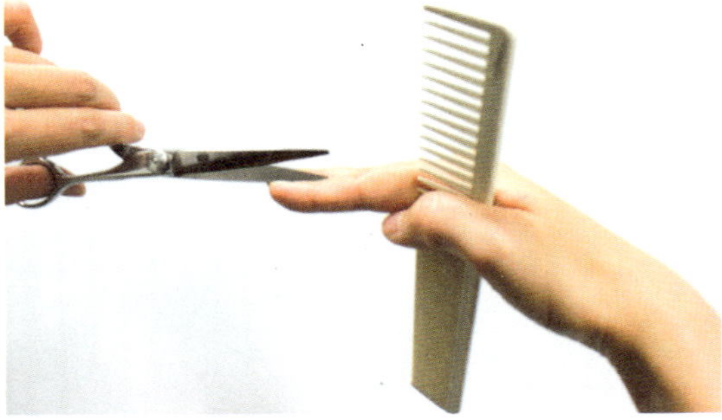

1 왼손에 빗을 잡고 가위는 손등에 위치하고 있다.

2 가위를 열은 모습이다.

CHAPTER 09

빗질, 파팅, 섹션, 커트 실습

01 빗질 실습

① 민두, 홀더를 책상에 고정시키고 위그(가발)를 두상에 맞게 씌운다.
　이때 가발이 민두와 밀착되어야 하고, 양쪽 균형을 잘 맞추어 씌운다.

② 가위와 빗을 양손에 잡고, 빗을 돌리는 연습을 하면서 파팅, 섹션을 나눈다.

③ 빗질 시에는 탑 부분부터 아래로 가지런히 두상을 따라 내려오면서 빗는다.

④ 탑 부분을 빗을 시에는 방사선으로 우선 모발이 내려갈 방향으로 정리를 한 후 빗질을 한다.
　(모발의 양이 많을 시에는 얼레살 쪽으로 빗는다.)

⑤ 백부분에서 사이드 쪽으로 진행한다.

1 기본 판넬 빗질하기

1 빗으로 빗질한 섹션을 나눈다.

2 겉 빗질을 한다.

3 속 빗질을 한다.

2 두상 전체 빗질하기

1 탑 부분은 방사선으로 우선 빗는다.

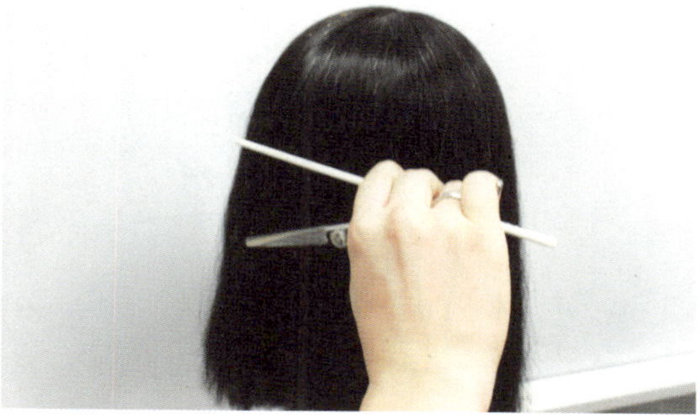

2 백 부분은 두상을 따라 빗어 내린다.

3 머리 끝까지 빗어 내린다.

4 위치를 옮겨서 처음과 같이 빗는다.

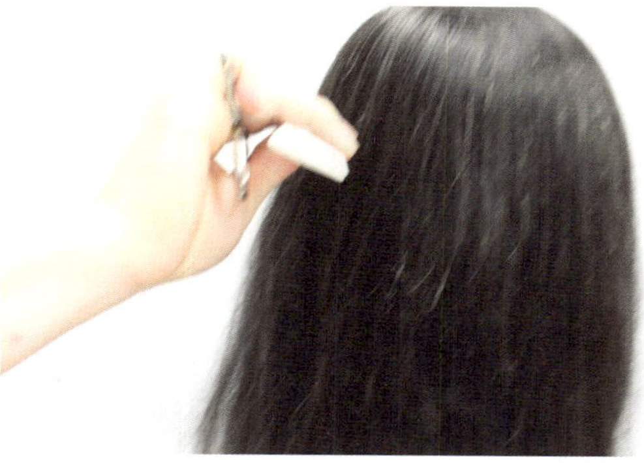

5 머리 끝까지 빗어 내린다.

02 파팅 실습

① 파팅 실습은 가지런히 빗질이 된 모발을 2파트, 3파트, 4파트로 나누는 실습을 한다.

② 가장 기본이 되는 센타 파트를 빗 끝이 살짝 두피에 닿듯이 하여 한 번에 센타 포인트에서 탑 포인트, 골덴 포인트, 백 포인트를 지나 네이프 포인트까지 나눈다.

③ 다음으로 이어 투 이어 파트를 나눈다.
이어 투 어어 파트는 이어 포인트에서 탑 포인트를 지나 반대편 이어 포인트까지 연결하여 한 번에 나눈다.

④ 다음으로 3파트를 나눈다.
- 템플 투 템플 파팅을 먼저 한다.
- 사이드 포인트에서 백 포인트를 지나 반대편 사이드 포인트 연결하여 3파트를 나눈다.

⑤ 다음으로 4파트를 나눈다.
- 3파트 상태에서 이어 백 포인트에서 옥시피탈 본을 지나 반대편 이어 백 포인트를 연결한다.
- 파팅선은 깨끗하고, 신속하게 나눌 수 있어야 한다.

03 섹션 나누기 실습

1 수평섹션 연습 (Horizontal section)

① 센타 파트와 이어 투 이어 파트를 먼저 나눈다.

② 네이프 부분부터 섹션 폭을 2cm 간격으로 일정하게 하여 수평 섹션을 나누어 탑 부분으로 진행한다. 이 때 각 섹션이 정확한 섹션 폭으로 수평하게 나누어졌는지 확인하면서 실습한다.

2 사선섹션 연습 (Diagonal section)

① 센타 파트와 이어 투 이어 파트를 먼저 나눈다.

② 네이프 부분부터 섹션 폭을 2cm 간격으로 일정하게 하여 A라인 섹션을 나누어 탑 부분으로 진행한다. 이 때 각 섹션이 정확한 섹션 폭으로 수평하게 나누어졌는지 확인하면서 실습한다.

③ A 섹션이 끝나면 다시 빗질로 모발을 정리한 후 같은 방법으로 V 섹션을 연습한다.

3 방사선 섹션 (Pivot section, 피봇섹션)

① 센타 파트와 이어 투 이어 파트를 먼저 나눈다.

② 백 부분부터 시작하며, 방사선 꼭지점(탑 포인트)을 중심으로 하여 섹션 폭이 2cm 되도록 나누면서 앞으로 진행한다. (섹션의 모양은 이등변 삼각형을 생각하면 된다.)

4 수직섹션 (Vertical section)

① 센타 파트와 이어 투 이어 파트를 먼저 나눈다.

② 이어 투 이어 파트를 중심으로 뒷부분부터 섹션 폭을 정중선을 중심으로 2cm씩 수직으로 섹션을 나눈다. (섹션 폭은 일정해야 한다.)

③ 뒷부분을 다 나눈 다음 앞부분에서 사이드 부분부터 시작하여 프론트 방향으로 역시 2cm씩 섹션을 수직으로 나누면서 앞으로 진행한다.

04 커트 실습

준비물

민두, 홀더, 위그, 분무기, 가위, 핀셋, 빗, 티슈나 신문지(가로 4~5cm/세로 20~30cm)

1 파팅, 섹션 나눈 후 커트할 모발을 빗질하여 슬라이스 잡는 법 실습

① 섹션 후에 커트할 양 만큼 두피에서 모발 끝으로 가지런히 2~3회 앞뒤로 빗질한다.

② 실습을 하면서 빗을 돌리고, 왼손에서 오른손으로 옮기는 연습도 같이 실습한다.

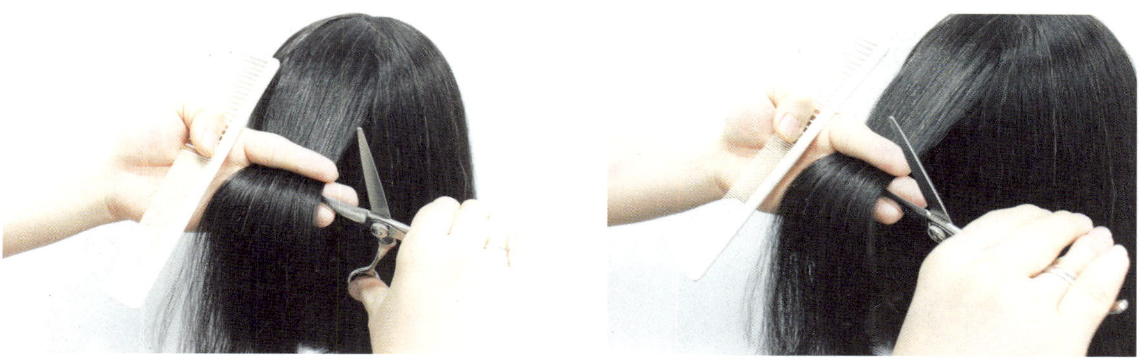

슬라이스 잡고 가위질하기

2 티슈나 신문지를 이용하여 커트 실습

① 준비된 티슈나 신문지를 모발로 생각하고 슬라이스 잡는 손으로 살며시 잡는다.

② 가위로 3~4회 개폐하면서 커트를 진행한다.

이때 가위의 정날은 고정이 되어야 하고 동날만 움직여서 커트를 해야 하고 잘린 커트 선은 직선이 되도록 가위질을 해야 한다.

③ 가위 정날이 움직이지 않고 커트선이 직선이 되도록 충분한 연습을 한다.

기본 커트 연습

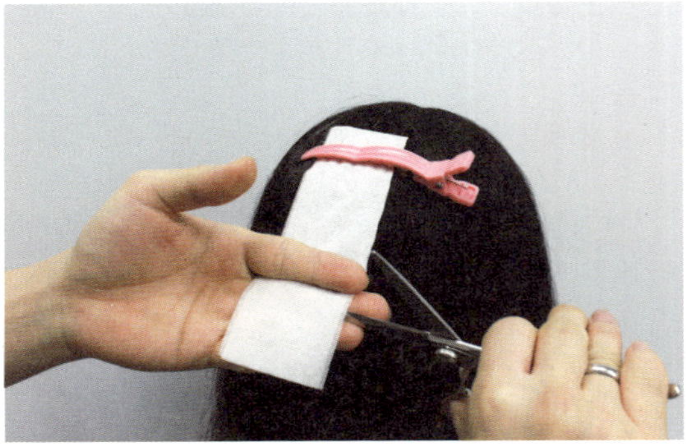

1 휴지를 두상에 고정시키고 판넬을 잡는다.

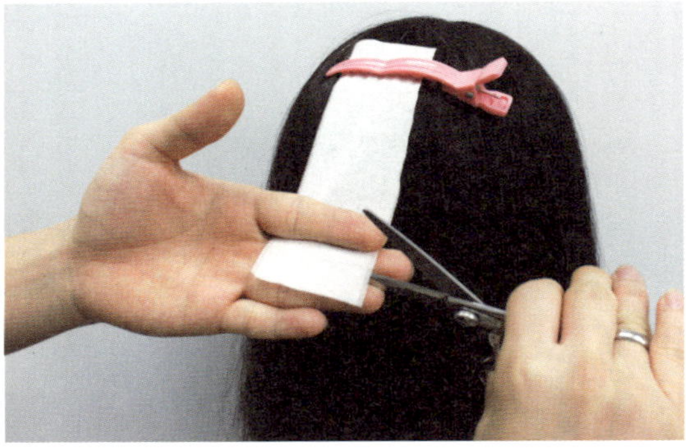

2 가위를 가지고 자를 위치를 정한다.

3 가위로 휴지(판넬)를 자른다. 이때 커트선은 직선이 되어야 한다.

4 반복으로 계속 자르는 연습을 한다.

포인트 커트 연습

포인트 커트 시 판넬의 양 옆 기장은 자르지 않도록 한다.

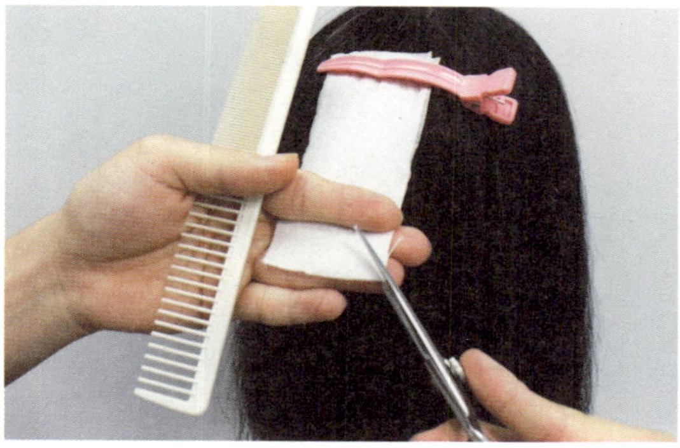

1 왼손에 빗을 잡고, 오른손 가위는 45°로 커트할 위치에 고정시킨다.

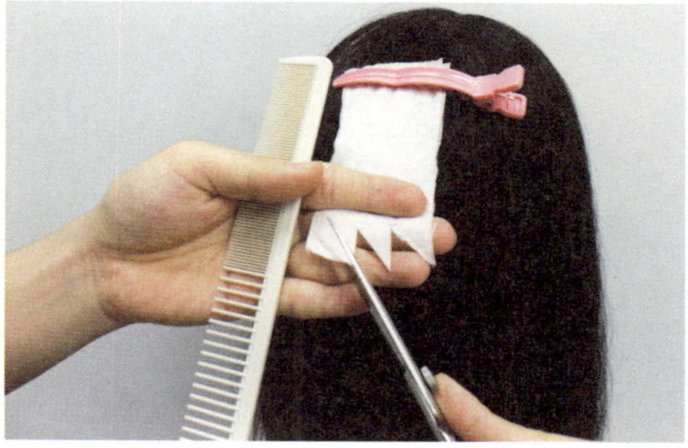

2 포인트 커트를 진행한다.

손등 기본 커트 연습

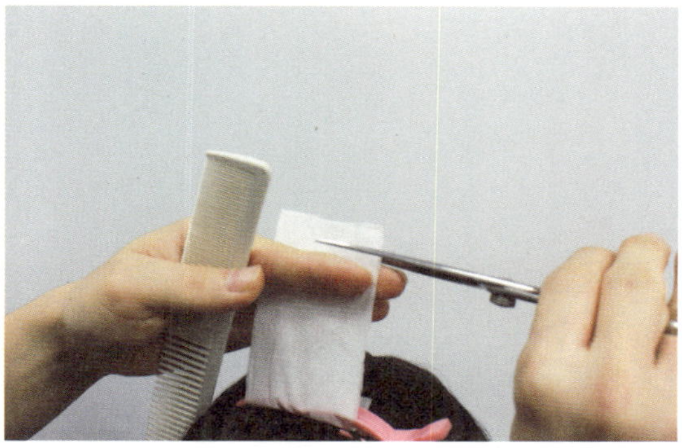

1 왼손 검지와 중지를 이용하여 손등으로 판넬을 잡는다.

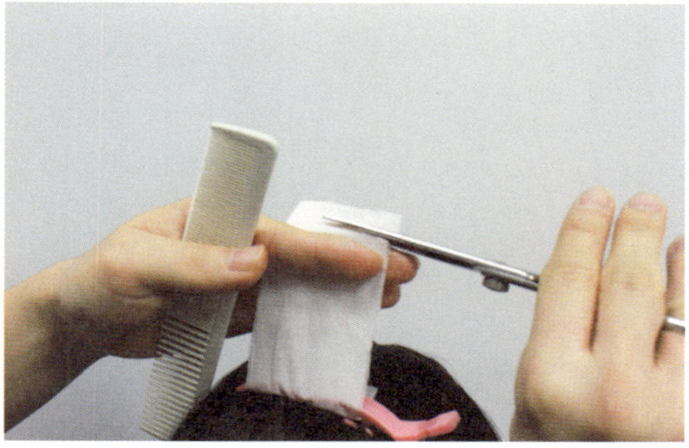

2 커트를 진행한다.

손등 포인트 커트 연습

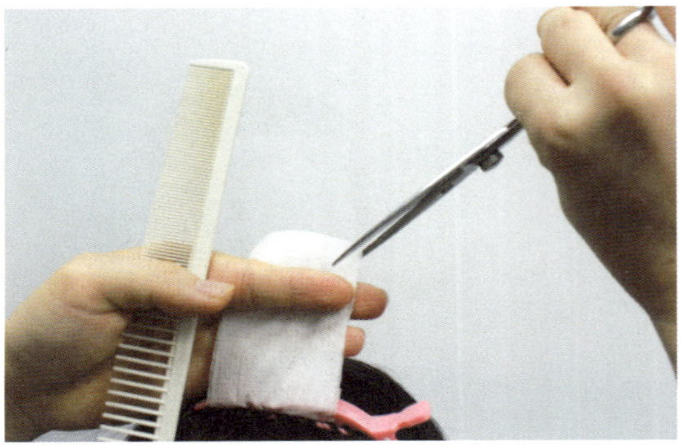

1 손등에서 가위를 45°로 잡는다.

2 포인트 커트를 진행한다.

3 위그(가발)를 이용하여 커트 실습

① 센타 파트, 이어 투 이어 파트를 한 후 네이프 부분부터 섹션을 2cm씩 나누어 커트할 만큼 빗으로 빗질하여 커트를 진행한다.

② 커트선이 직선이 되게 꾸준히 연습한다.

기본커트 연습

1 빗과 가위를 잡고 커트할 위치에 놓는다.

2 가위의 정날을 개폐하면서 자른다.

3 커트선이 일정하게 커트해 간다.

4 판넬 끝까지 커트한다.(손을 자르지 않게 조심한다.)

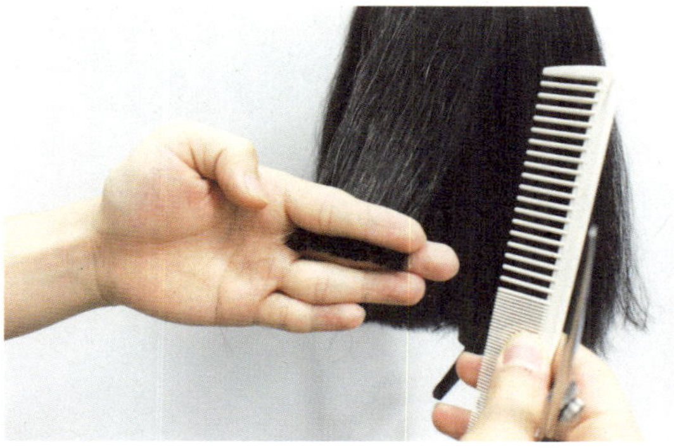

5 커트가 다 된 모습이다.

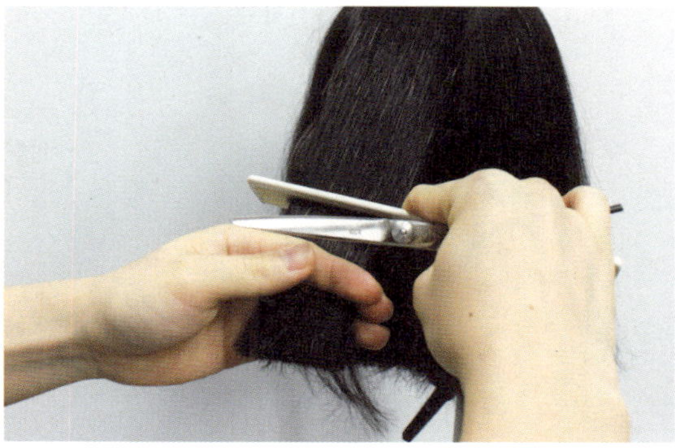

6 다음 판넬을 내려서 빗질한다.

7 밑 가이드와 같이 잡은 모습이다.

8 가이드에 맞추어 커트할 위치를 정한다.

9 커트를 진행한다.

포인트 커트 연습

1 빗과 가위로 포인트 커트 자세를 잡고 커트할 위치에 가위를 놓는다.

2 그림과 같이 포인트 커트를 진행한다.

손등 기본 커트

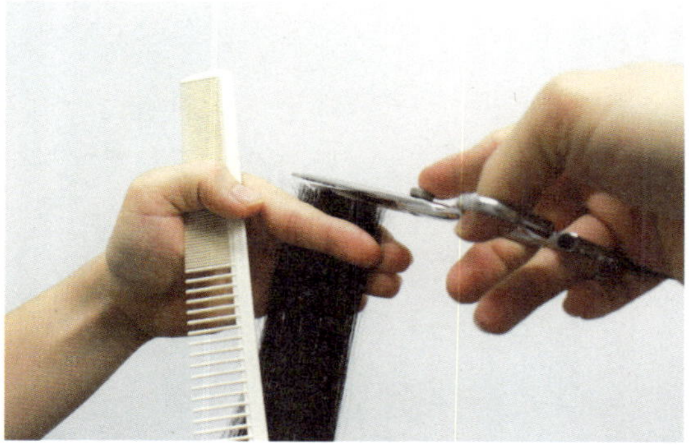

1 손등으로 판넬을 잡고 커트한다.

2 가이드에 맞추어 커트를 진행한다.

3 커트선이 일직선이 되게 커트를 한다.

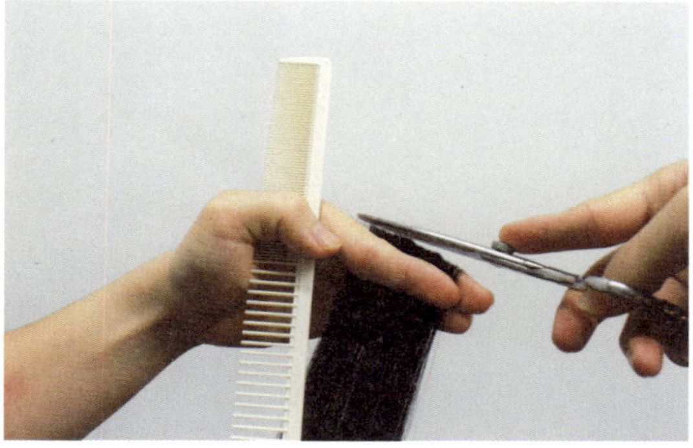

4 커트가 된 모습이다.

손등 포인트 커트

1 손등으로 판넬을 잡고 가위를 커트할 위치에 놓는다.

2 그림과 같이 포인트 커트를 진행한다.

3 판넬 끝까지 포인트 커트를 한다.

CHAPTER 10

기본 헤어커트 시술하기

01 원랭스 커트

1 수평 원랭스커트

이론

원랭스 스타일 중에서 수평섹션과 수평이 되도록 커트선이 형성되게 한다.(지면과 수평이 된다.)

빗질

빗질은 피봇(방사선 빗질), 수직 빗질을 병행한다.

섹션

호리존탈섹션으로 하며, 섹션 폭은 1~2cm로 한다.

각도

자연각도 0° 로 한다.

커트 테크닉

블런트 커트를 하며, 경우에 따라 포인트 커트를 하여 끝 라인을 좀 더 부드럽게 할 수 있다.

시술순서

① 전제적으로 분무를 하고 빗질을 한다.
분무는 커트를 할때 모발이 마르지 않도록 자주 한다.
② 센타파팅과 이어 투 이어 파팅을 한다.
③ 빗질을 한다. 이때 백 부분의 탑 부분은 피봇(방사선) 빗질을 하고 내려오면서 수직 빗질을 한다. 앞부분은 탑 부분에서 수직으로 빗어 내린다.
* 귀 부분 빗질 시에는 얼레살로 빗든지, 또는 빗은 후 빗등으로 귀 윗부분을 살짝 눌러 준다. 왜냐하면 귀 때문에 모발이 위로 당겨 올라가기 때문에 이를 미리 방지하기 위함이다.
④ 백 부분에서 네이프 라인부터 1~2cm 폭으로 호리존탈섹션으로 나눈다.
⑤ 기준 가이드 기장을 정하고 커트를 한다.
⑥ 가이드에 맞추어 좌측 모발을 커트한다.
⑦ 좌측이 끝나면 우측 모발도 가이드에 맞추어 커트한다.
이 때 좌측과 우측 모발을 센타선 중심으로 모아서 양쪽 기장이 맞는지 체크한다. 체크는 수시로 커트를 진행하면서 하고, 네이프 사이드 포인트, 이어 포인트, 프론트 사이드 포인트, 센타 포인트 등에서 실시한다.
⑧ 그 다음 섹션을 나눈다.
⑨ 바로 전 커트한 가이드 커트 선에 맞추어 좌측, 우측 커트를 탑 부분까지 진행한다.
⑩ 백 부분이 끝나면 우측 모발을 커트하기 시작한다. 우측도 햄라인에서 호리젠탈섹션을 나누고 백 부분 모발을 가이드로 하여 커트를 한다.
⑪ 그 다음 섹션을 나누고 바로 전 커트라인에 맞추어 커트를 한다.
⑫ 탑부분까지 커트를 하고, 좌측도 우측과 동일한 방법으로 커트한다.
⑬ 앞부분 프렌지 부분을 내려서 코너를 제거한다.
⑭ 전체적으로 섹션과 대각으로 잡고 체크 커트를 한다.
⑮ 전체적으로 빗질을 잘해서 스타일을 낸다.

도해도

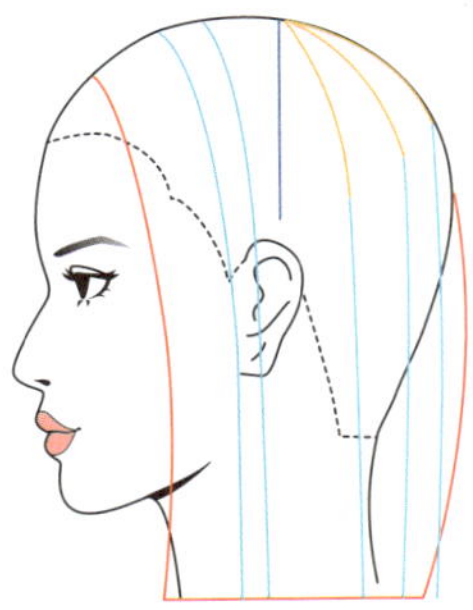

빗질

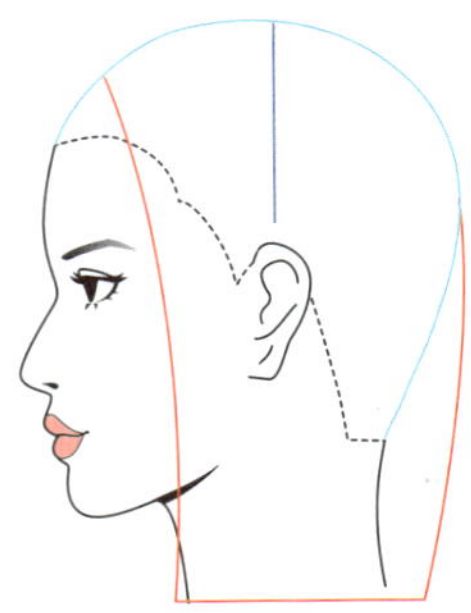

파팅

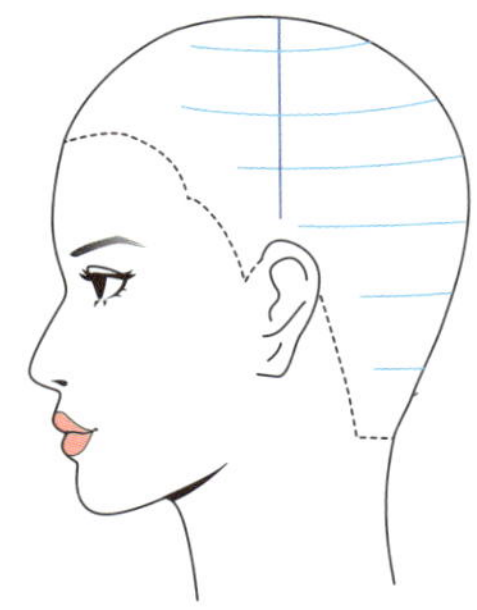

섹션

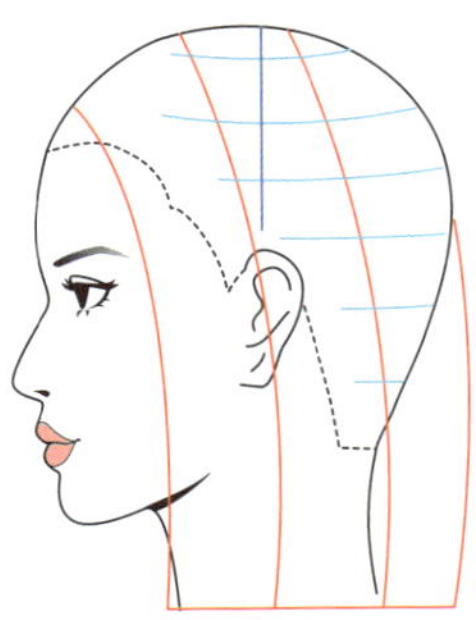

옆면

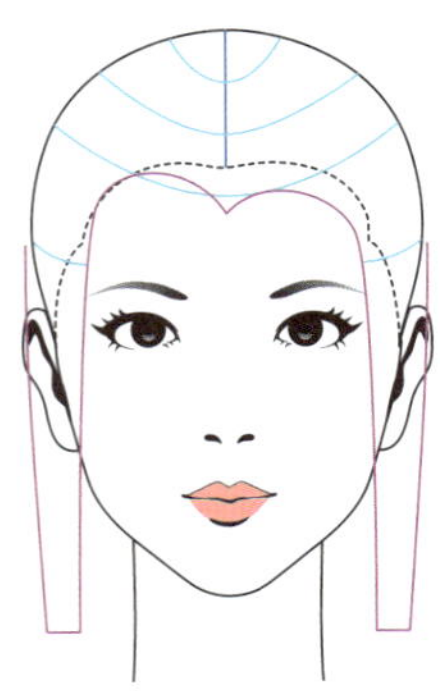

앞면

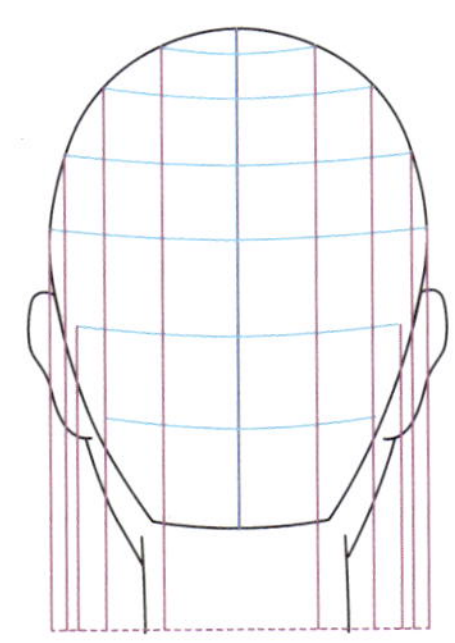

후면

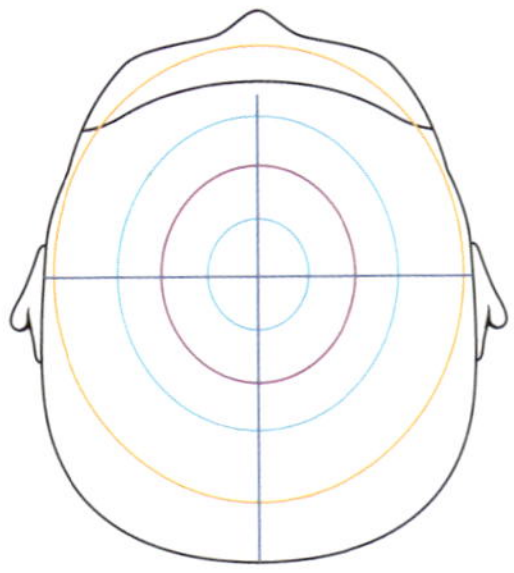

윗면

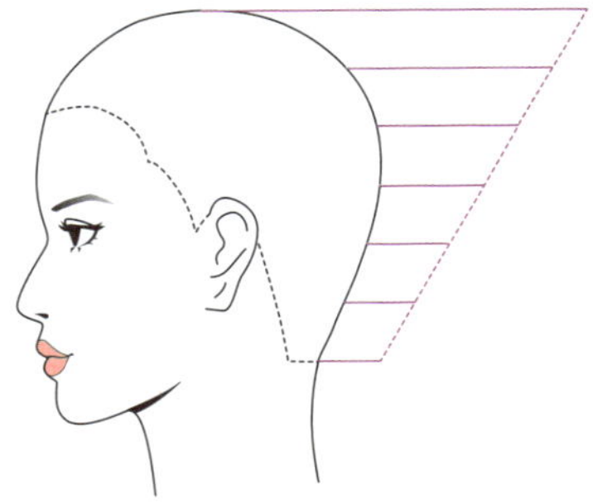

커트라인

01 커트 전 상태

02 센타파팅을 한다.

03 전두부 부분 양 옆으로 빗질한다.

04 후두부 부분 센타파팅한다.

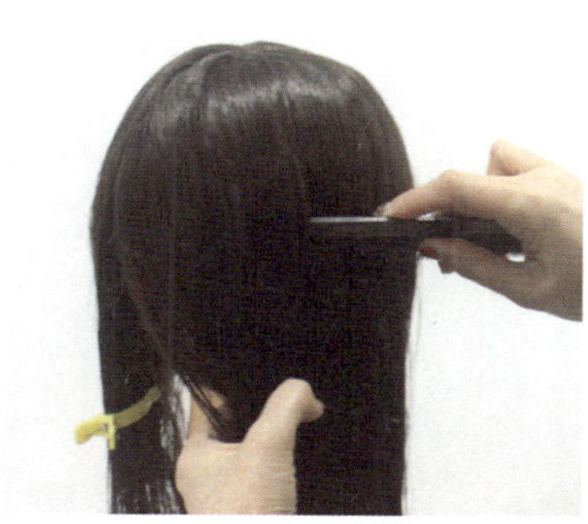
05 계속 진행한다.

06 후두부 부분 양옆으로 빗질한다.

07 반대편도 빗질한다.

08 모발을 정리한다.

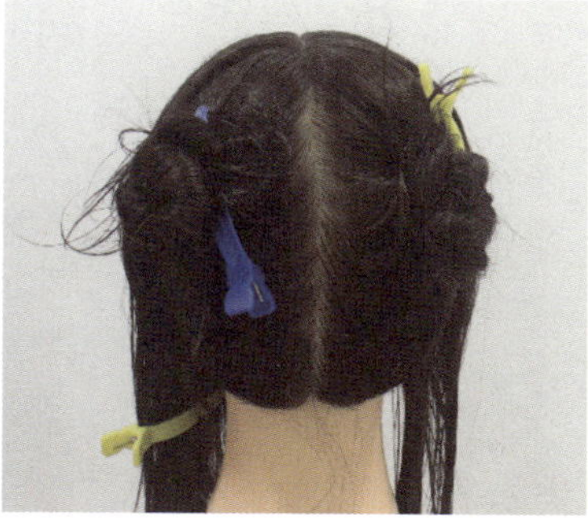
09 후두부 정리된 상태

10 전두부 양옆 부분 정리한다.

11 전두부 정리된 상태

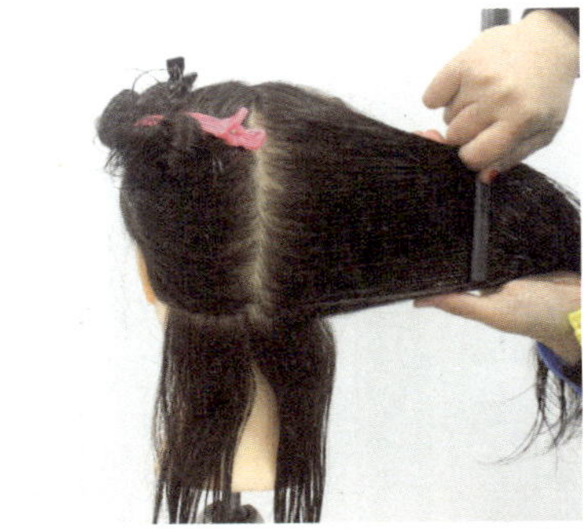

12 첫 섹션을 내리고 빗질한다.

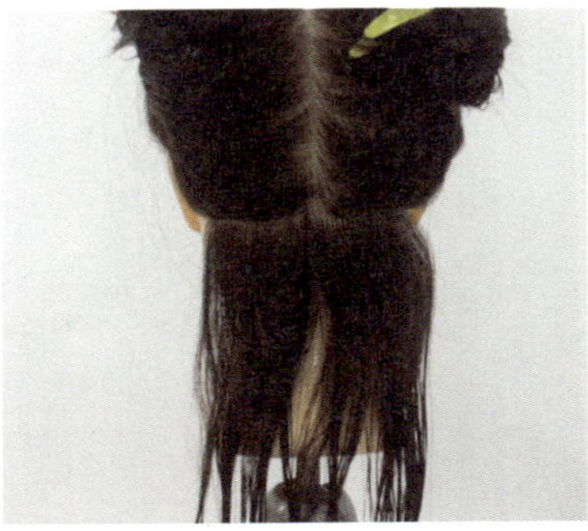

13 첫 섹션을 내린 상태

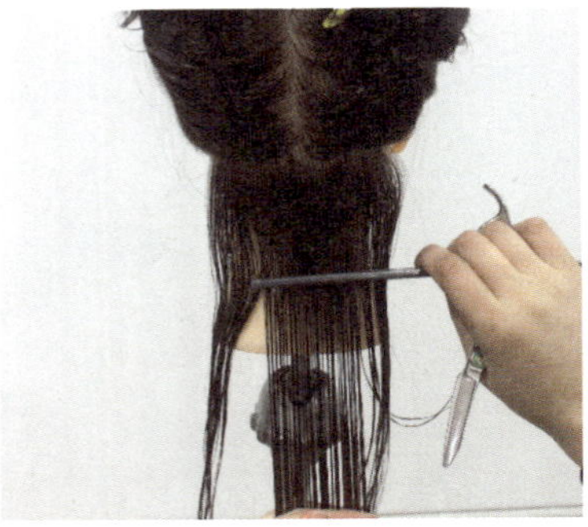

14 커트할 정중앙 부분을 빗질한다.

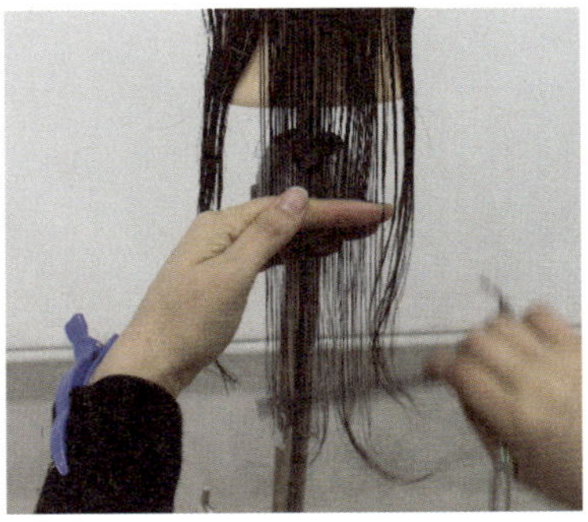

15 길이를 정한다.

16 정한 길이에 따라 커트한다.

17 끝까지 커트한다.

18 옆 슬라이스와 자른 모발을 같이 잡는다.

19 커트선을 연결하면서 커트한다.

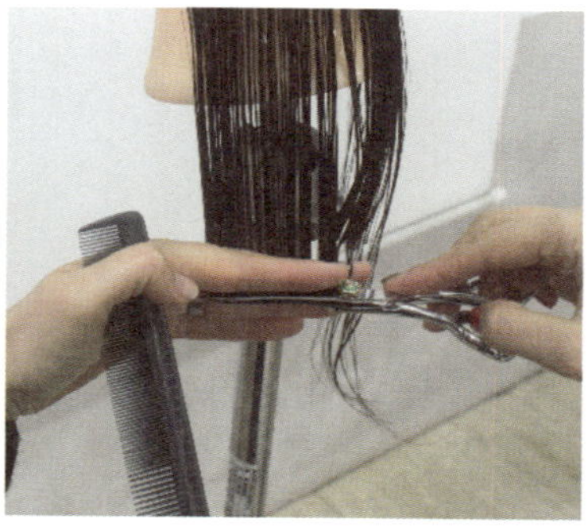
20 끝까지 커트한다.

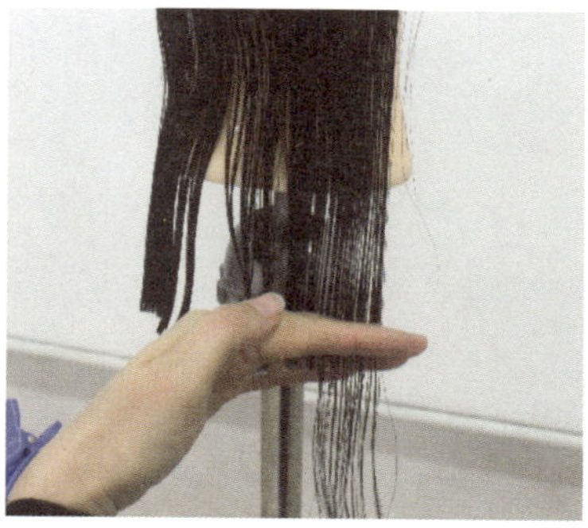
21 반대편 부분 커트선을 연결하면서 잡는다.

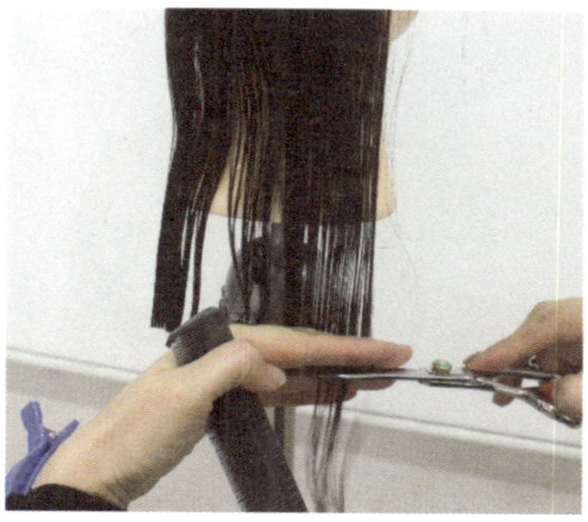
22 커트를 한다.

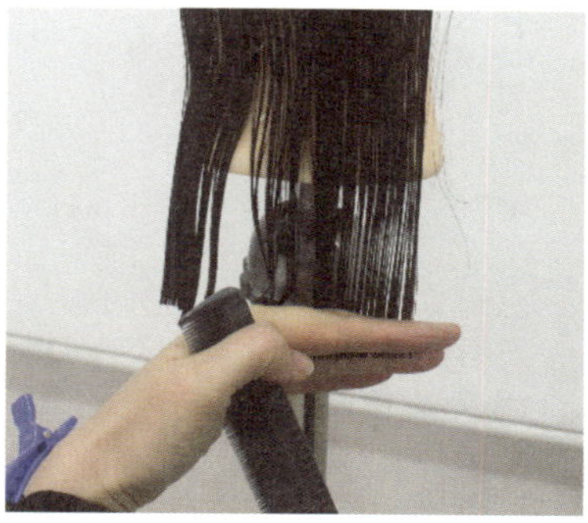
23 커트된 상태

24 두 번째 섹션을 내린다.

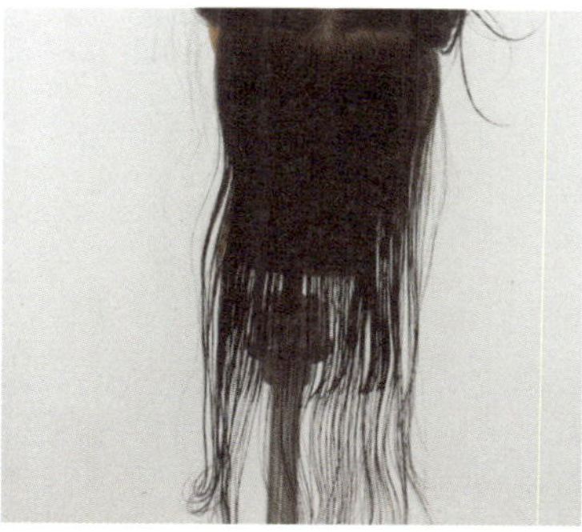
25 내린 상태

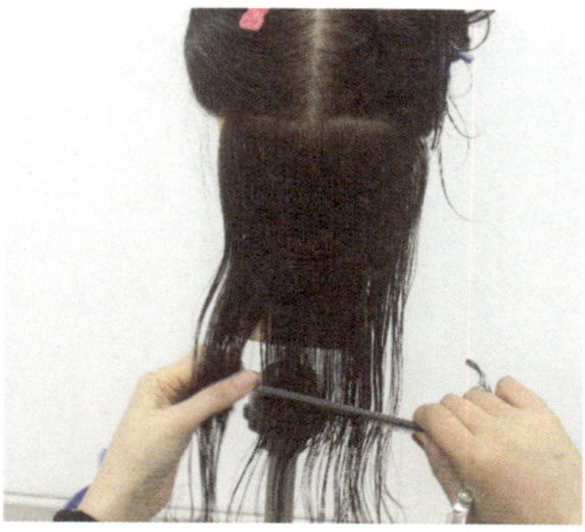
26 커트할 양을 나눈다.

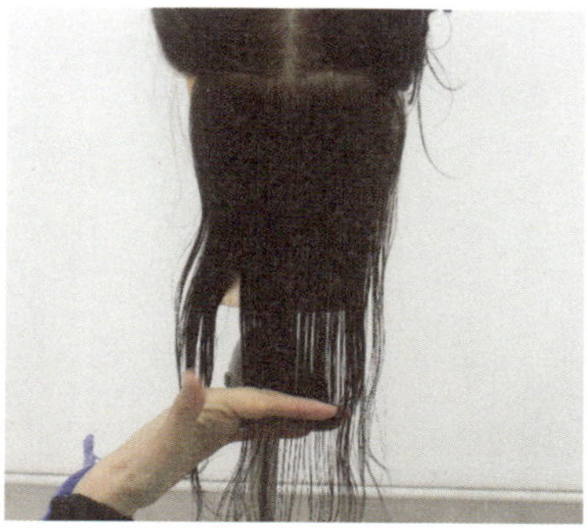
27 빗질하여 가이드 모발과 같이 잡는다.

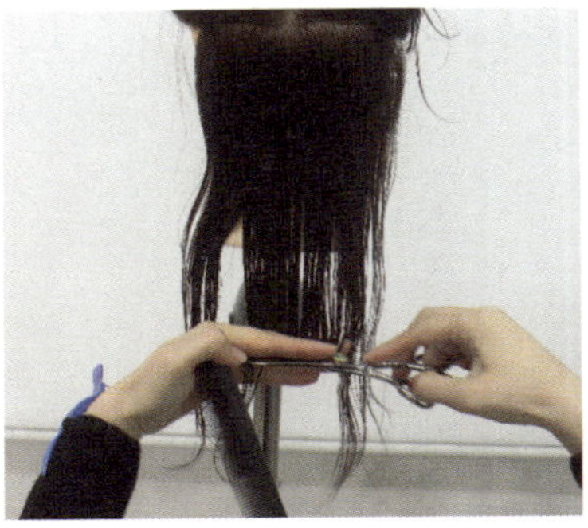
28 밑 가이드에 맞춰 커트한다.

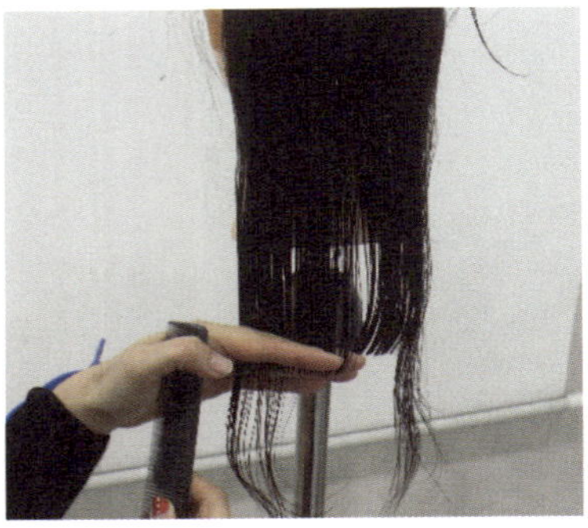
29 옆 모발도 커트선을 연결하여 자른다.

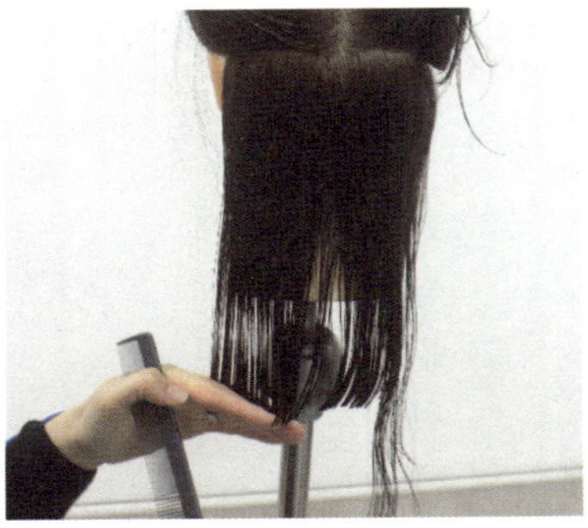
30 옆 모발 자른 상태

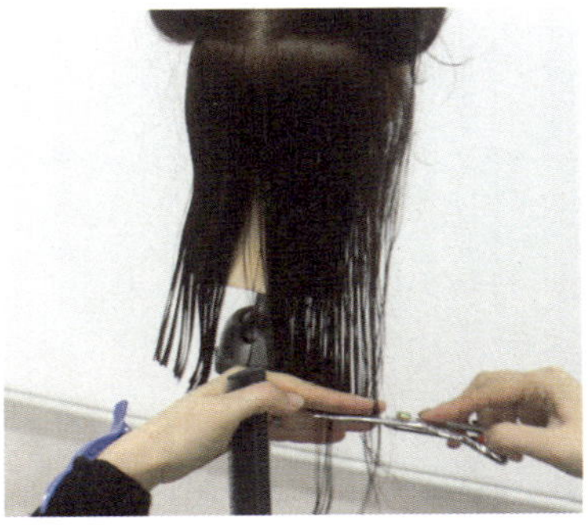
31 반대편 모발 커트한다.

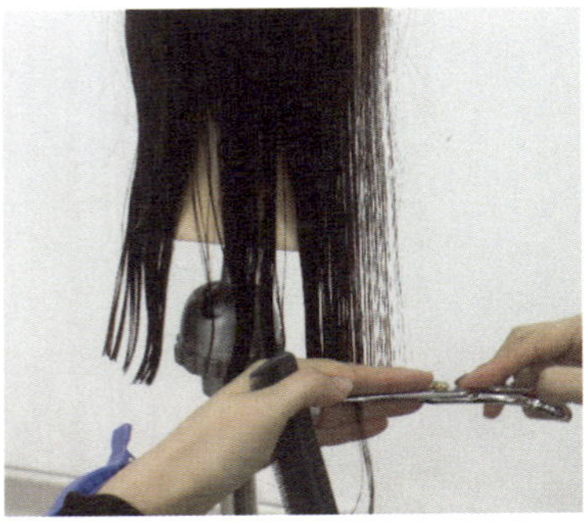
32 커트를 진행한다.

33 다음 섹션을 내린다.

34 내린 상태

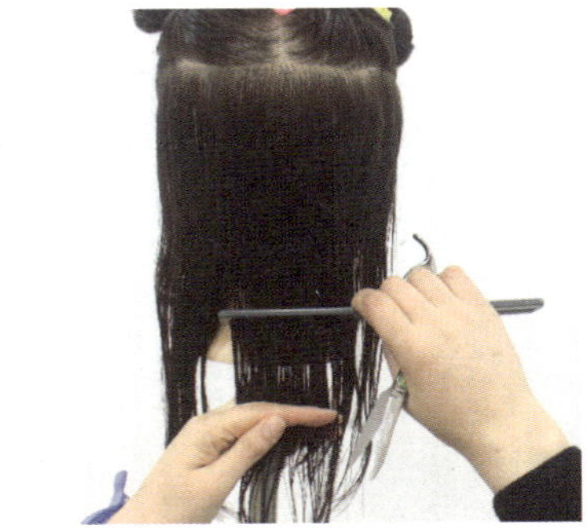
35 커트할 부분 분리한다.

36 밑 가이드와 같이 잡는다.

37 커트를 진행한다.

38 커트된 상태

39 옆 모발 연결하여 커트한다.

40 자른 상태

41 옆 모발 연결하여 커트 진행한다.

42 커트 진행한다.

43 끝까지 커트한다.

44 커트된 상태

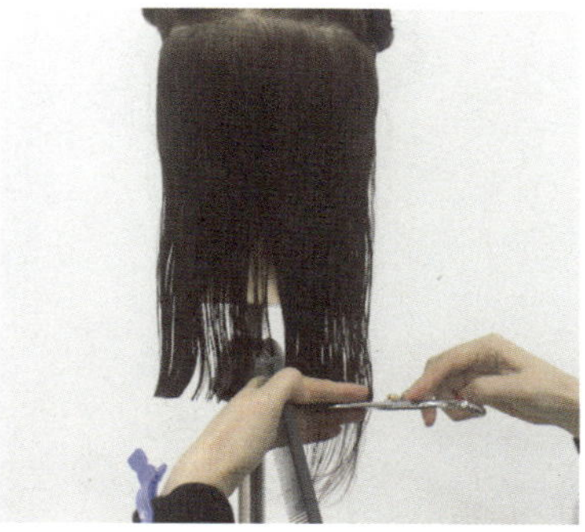
45 반대편 모발 커트한다.

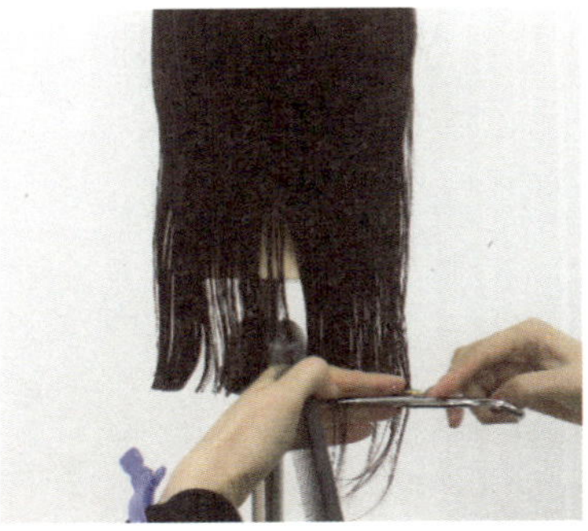

46 커트 진행한다.

47 옆으로 커트 진행한다.

48 커트 진행

49 다음 섹션 내려서 커트할 부분 분리한다.

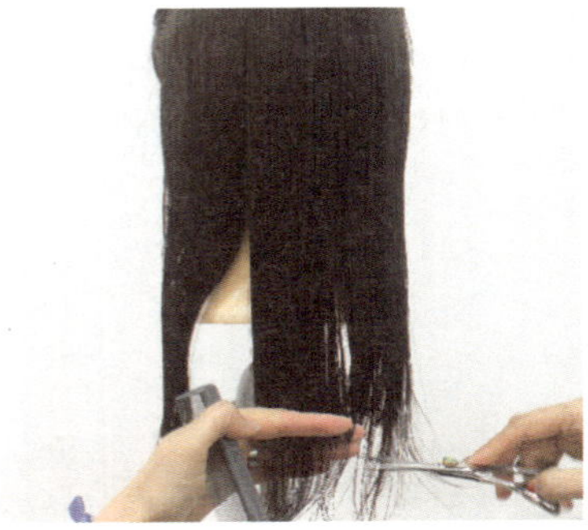

50 가이드에 맞춰 커트한다.

51 커트된 상태이다.

52 양 옆으로 거트 진행한다.

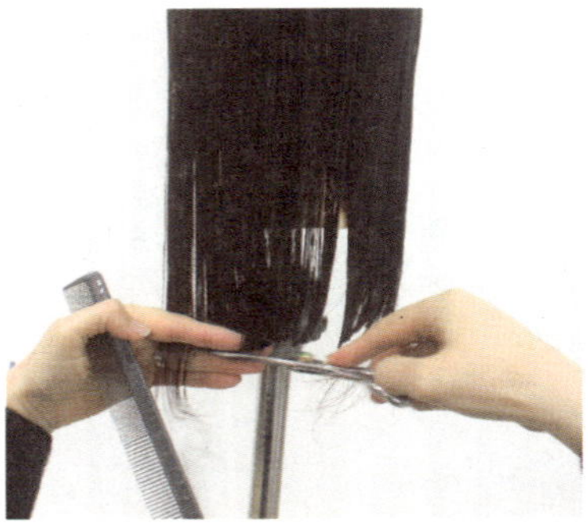

53 커트 진행

54 반대편 커트한다.

55 끝까지 커트한다.

56 양 옆 길이를 체크한다.

57 옆 모발을 내린다.

58 내린 상태

59 옆 가이드에 맞춰 커트를 한다.

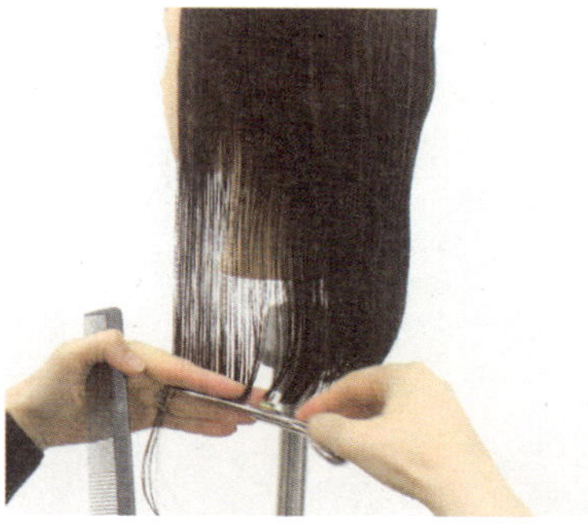
60 커트 진행

61 커트된 상태

62 다음 섹션을 내린다.

63 가이드에 맞춰 커트한다.

64 커트를 한다.

65 다음 섹션 빗질한다.

66 빗질 진행

67 가이드에 맞춰 커트

68 다음 섹션 빗질 정리

69 빗질 후 옆 가이드에 맞춰 커트 진행 한다.

70 커트 진행

71 커트진행

72 옆 모발 커트된 상태

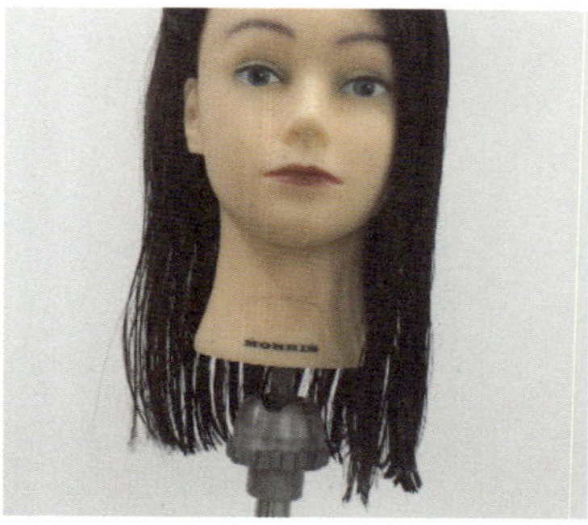
73 앞에서 본 상태

74 반대편 모발 내린다.

75 첫 섹션 가이드에 맞춰 커트한다.

76 커트 진행

77 커트된 상태

78 다음 섹션 내린다.

79 가이드에 맞춰 잡은 상태

80 커트 진행한다.

81 커트된 손 안 모습

82 커트된 상태

83 다음 섹션 나눈다.

84 내린 상태

85 커트 진행한다.

86 커트 진행

87 옆 가이드에 맞춰 커트

88 다음 섹션 내린 상태

89 마지막 섹션 빗질

90 커트 진행

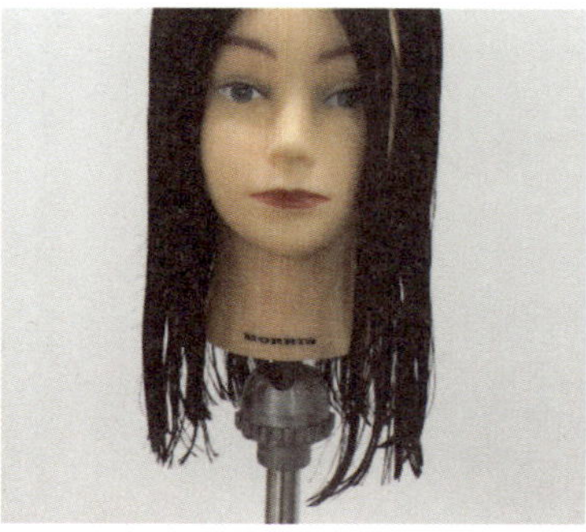

91 커트된 앞 모습

92 커트된 옆 모습

93 매직기로 모발 정리

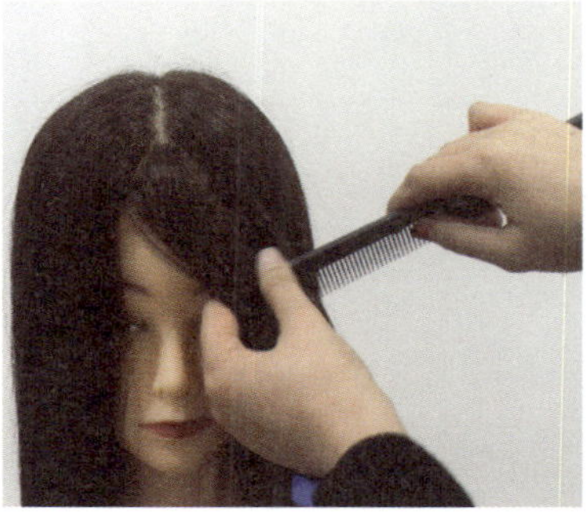

94 프렌지 부분 나눈다.

95 나뉜 상태

96 코너 부분을 잡는다.

97 수정 · 보완커트한다.

98 커트 진행

99 커트 진행

100 숱 정리

101 숱 정리 진행

102 커트된 뒷모습

103 커트된 옆모습

2 스파니엘 원랭스 커트

이론

원랭스 스타일에서 앞머리 길이가 뒷머리 길이보다 긴 스타일이다.

빗질

빗질은 피봇(방사선 빗질), 수직 빗질을 병행한다.

섹션

사선(다이에거널)섹션 중 A라인으로 하며, 섹션폭은 1~2cm로 한다.

각도

자연각도 0° 로 한다.

커트테크닉

블런트 커트를 하며, 경우에 따라 포인트 커트를 하여 끝 라인을 좀 더 부드럽게 할 수 있다.

시술순서

① 전제적으로 분무를 하고 빗질을 한다.
분무는 커트를 할 때 모발이 마르지 않도록 자주한다.

② 센타파팅과 이어 투 이어파팅을 한다.

③ 빗질을 한다. 이때 백부분의 탑 부분은 피봇(방사선) 빗질을 하고 내려오면서 수직 빗질을 한다.
앞부분은 탑부분에서 수직으로 빗어 내린다.
* 귀 부분 빗질 시에는 얼레살로 빗든지, 또는 빗은 후 빗등으로 귀 윗부분을 살짝 눌러 준다. 왜냐하면 귀 때문에 모발이 위로 당겨 올라가기 때문에 이를 미리 방지하기 위함이다.

④ 백 부분에서 네이프 라인부터 1~2cm 폭으로 사선(다이에거널)섹션 중 A섹션으로 나눈다.

⑤ 정중선 기준 가이드 기장을 정하고 커트를 한다.

⑥ 가이드에 맞추어 좌측 모발의 커트를 진행하는데 네이프 사이드 모발의 단차가 3~4cm 길게 커트를 한다.

⑦ 좌측이 끝나면 우측 모발도 좌측 기장에 맞추어 커트한다.
이 때 좌측과 우측 모발을 센타 선 중심으로 모아서 양쪽 기장이 맞는지 체크한다. 체크는 수시로 커트를 진행하면서 하고, 네이프 사이드 포인트, 이어 포인트, 프론트 사이드 포인트, 센타 포인트 등에서 실시한다.

⑧ 그 다음 섹션을 나눈다.

⑨ 바로 전 커트한 가이드 커트선에 맞추어 좌측, 우측 거트를 탑 부분까지 진행한다.

⑩ 백부분이 끝나면 우측 모발을 커트하기 시작한다. 우측도 햄라인에서 사선(다이에거널)섹션 중 A 섹션으로 나누고 백 부분 모발을 가이드로 하여 커트를 한다.

⑪ 그 다음 섹션을 나누고 바로 전 커트 라인에 맞추어 커트를 한다.

⑫ 탑부분까지 커트를 하고, 좌측도 우측과 동일한 방법으로 커트한다.

⑬ 앞부분 프렌지 부분을 내려서 코너를 제거한다.

⑭ 전체적으로 섹션과 대각으로 잡고 체크 커트를 한다.

⑮ 전체적으로 빗질을 잘해서 스타일을 낸다.

도해도

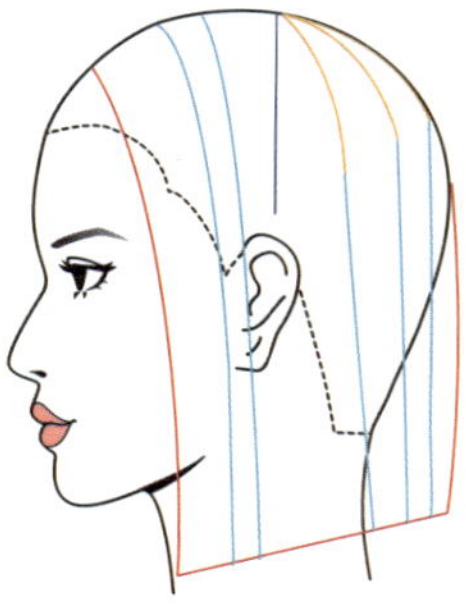

빗질

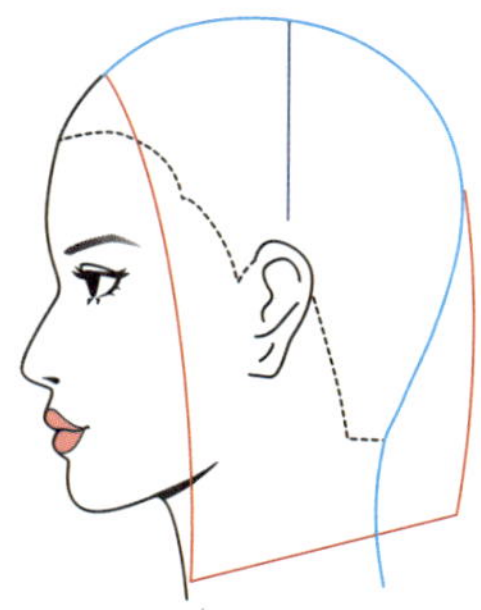

파팅

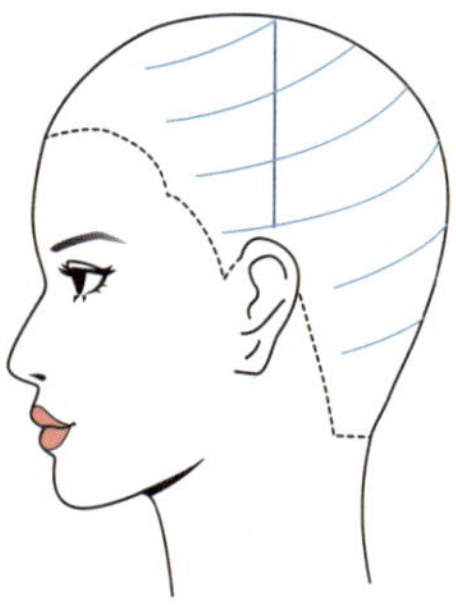

섹션

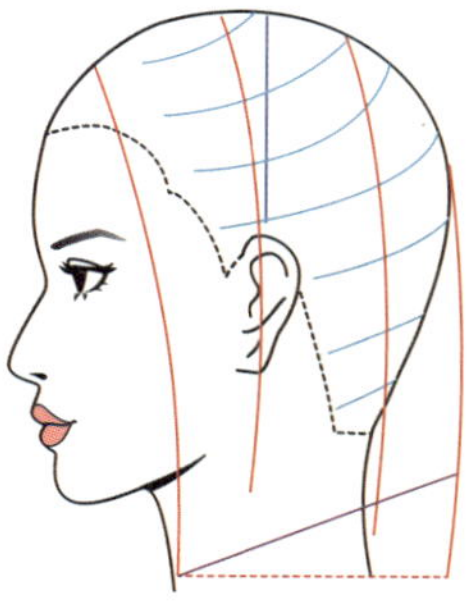

옆면

앞면

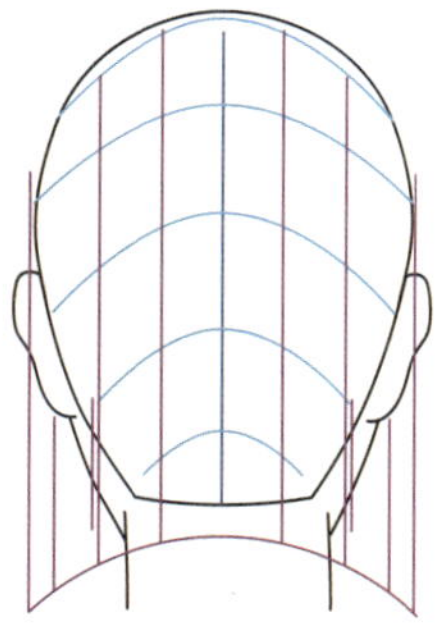

후면

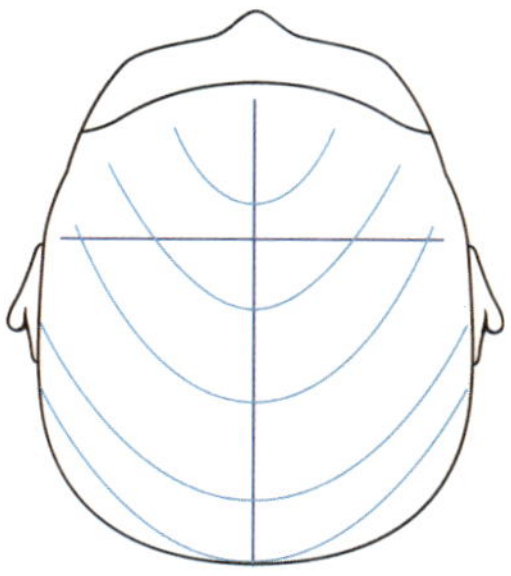

윗면

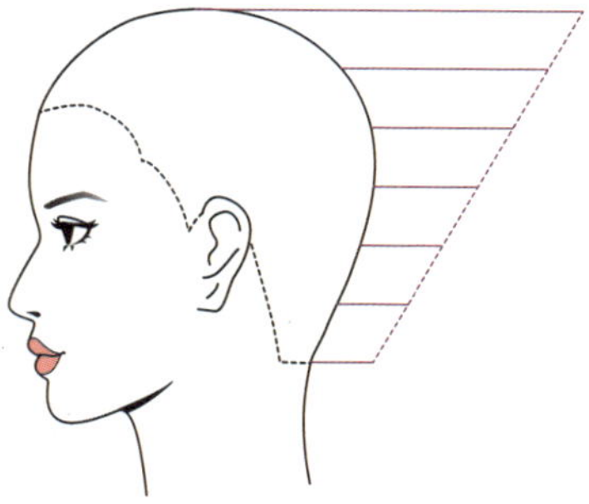

커트라인

01 커트 전 상태

02 센타파팅을 한다.

03 양 옆으로 모발 빗질

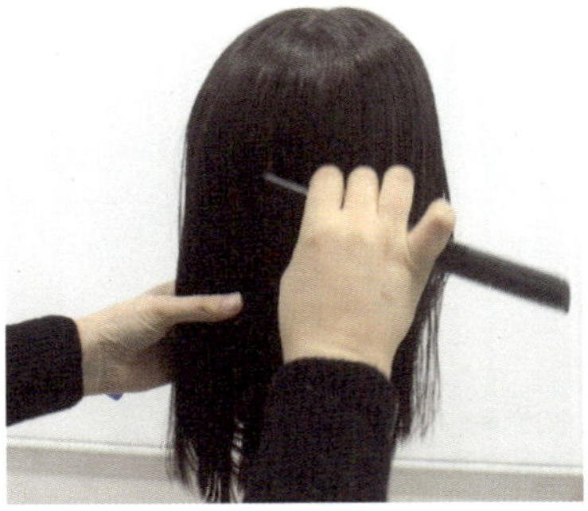
04 후두부 부분 센타 파팅

05 양 옆으로 정리

06 정리된 상태

07 앞모습

08 첫 섹션 내린다.

09 반대편 섹션을 내린다.

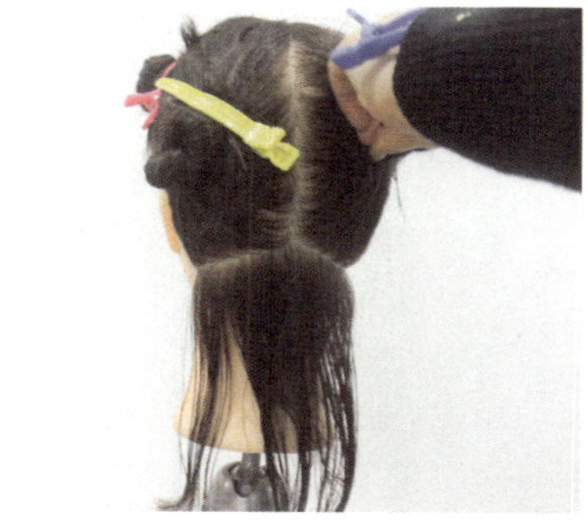
10 윗 모발 정리

11 첫 섹션 빗질한 상태

12 중앙 부분 커트할 부분 잡는다.

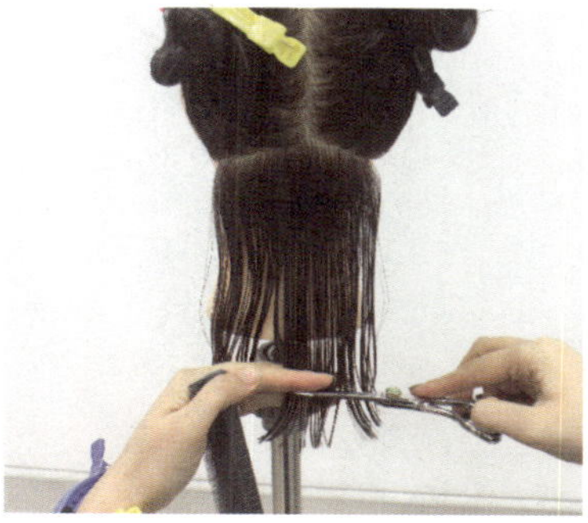
13 커트 진행

14 내려오면서 커트 진행

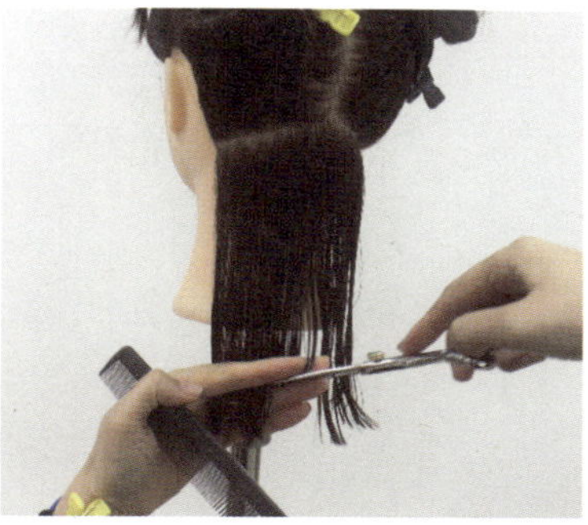
15 끝까지 커트진행

16 커트 진행

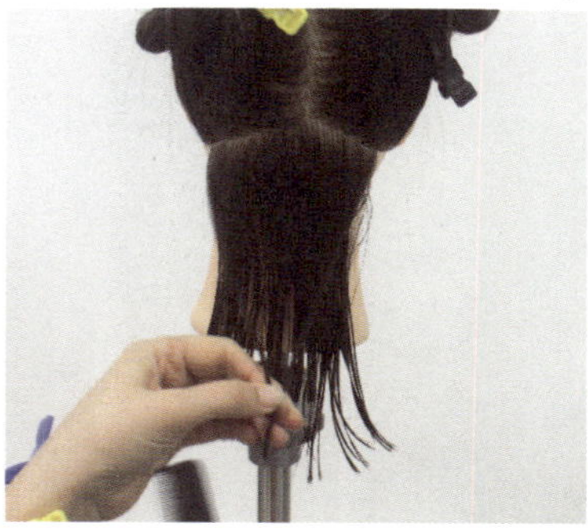
17 옆 모발 가져와 길이 정한다.

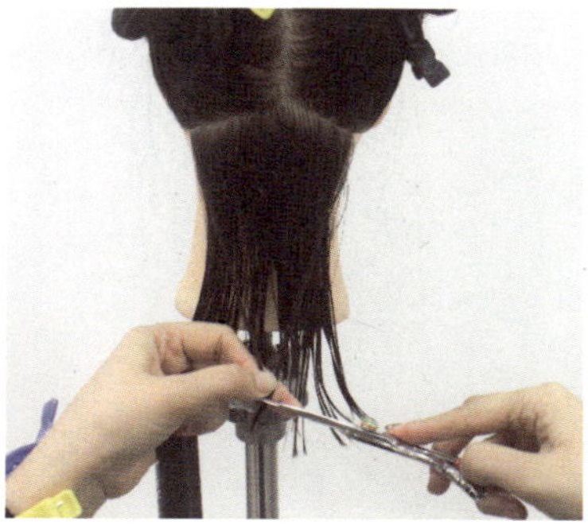
18 길이 맞춰 커트한다.

19 길이에 맞춰 커트 진행

20 커트 진행

21 두 번째 섹션 내린다.

22 내린 상태

23 가이드를 확인한다.

24 가이드를 잡고 커트 진행

25 반대편 커트 진행

26 옆 모발 커트선에 맞게 잡는다.

27 커트 진행

28 양 옆모발 중앙으로 당겨 온다.

29 길이 맞춰 본다.

30 차이나는 모발 커트

31 커트 진행

32 커트된 상태

33 다음 섹션 내린다.

34 옆 부분 같이 내린다.

35 빗질된 상태

36 밑 가이드에 맞춰 커트한다.

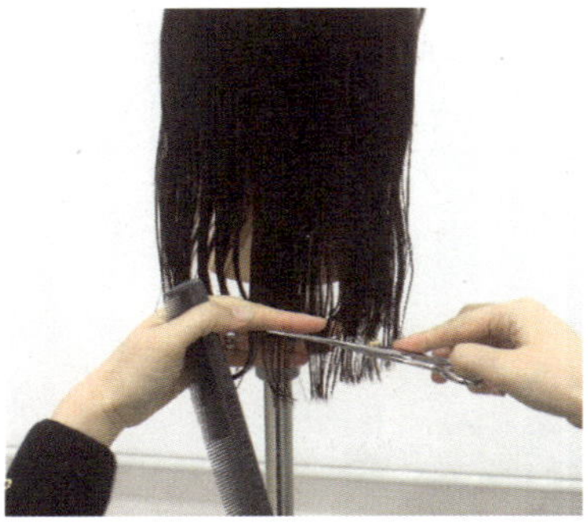
37 커트 진행

38 가이드에 맞춰 커트 진행

39 커트 진행

40 끝까지 커트 진행

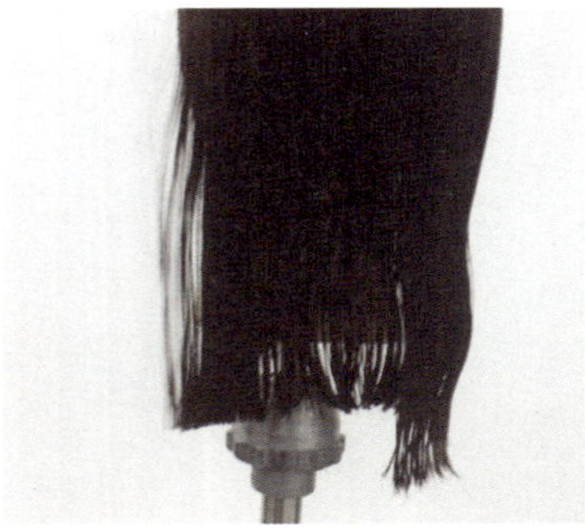
41 커트된 상태

42 반대편 섹션 내린다.

43 가이드에 맞춰 커트 진행

44 커트 진행

45 커트된 상태

46 다음 섹션 내린다.

47 가이드에 맞춰 잡는다.

48 커트 진행

49 커트 진행

50 커트 진행

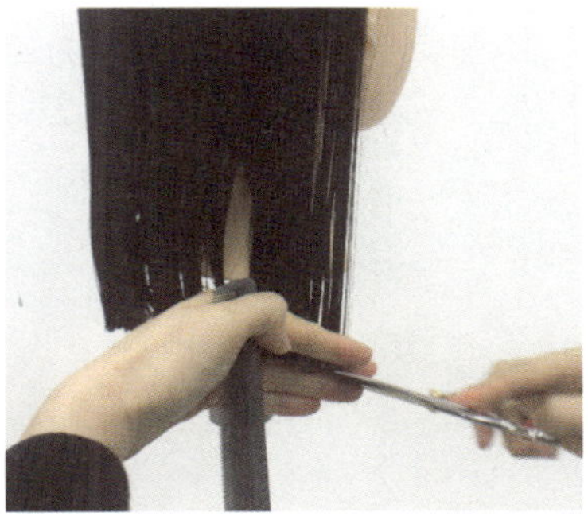
51 끝까지 커트 진행

52 후두부 커트된 상태

53 옆 모발 섹션 내려 가이드 연결하여 커트한다.

54 다음 섹션 동일하게 내려 옆 모발 끝까지 커트한다.

55 커트된 상태

56 반대편 섹션 내린다.

57 내린 상태

58 가이드 연결하여 잡는다.

59 커트 진행한다.

60 다음 섹션 내린다.

61 내린 상태

62 커트 진행

63 커트 진행

64 옆모발 빗질하여 내린다.

65 가이드에 맞춰 커트

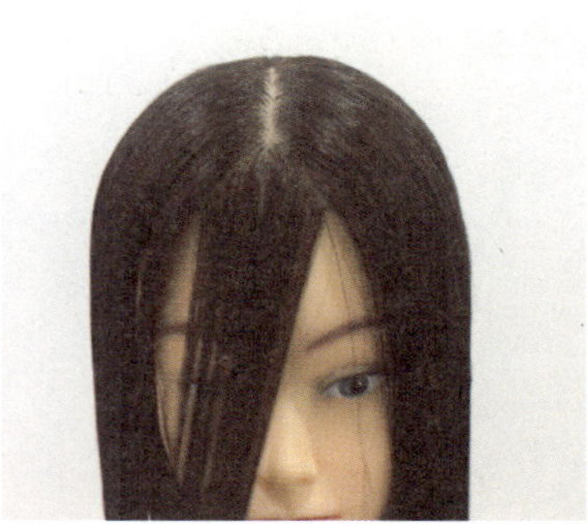
66 프렌지 부분 내린다.

67 코너 부분 커트한다.

68 커트된 뒷모습

69 커트된 옆모습

70 커트된 앞모습

71 커트된 옆모습

72 모발 정리

73 옆 모발

74 옆 모발 정리

75 옆 모발 정리된 상태

76 수정 · 보완커트

77 완성된 뒷모습

78 완성된 옆모습

79 완성된 앞모습

80 완성된 옆모습

3 이사도라 원랭스 커트

이론

원랭스 스타일에서 앞머리 길이가 뒷머리 길이보다 짧은 스타일이다.

빗질

빗질은 피봇(방사선 빗질), 수직 빗질을 병행한다.

섹션

사선(다이에거널)섹션 중 V라인으로 하며, 섹션 폭은 1~2cm로 한다.

각도

자연각도 0° 로 한다.

커트테크닉

블런트 커트를 하며, 경우에 따라 포인트 커트를 하여 끝 라인을 좀 더 부드럽게 할 수 있다.

시술순서

① 전체적으로 분무를 하고 빗질을 한다.
분무는 커트를 할때 모발이 마르지 않도록 자주 한다.

② 센타파팅과 이어 투 이어 파팅을 한다.

③ 빗질을 한다. 이때 백 부분의 탑 부분은 피봇(방사선) 빗질을 하고 내려오면서 수직 빗질을 한다.
앞부분은 탑부분에서 수직으로 빗어 내린다.
* 귀 부분 빗질 시에는 얼레살로 빗든지, 또는 빗은 후 빗등으로 귀 윗부분을 살짝 눌러 준다.
왜냐하면 귀 때문에 모발이 위로 당겨 올라가기 때문에 미리 방지하기 위함이다.

④ 백 부분에서 네이프 라인부터 1~2cm 폭으로 호리존탈섹션으로 나눈다.

⑤ 정중선 기준 가이드 기장을 정하고 커트를 한다.

⑥ 가이드에 맞추어 좌측 모발의 커트를 진행하는데 네이프 사이드 모발의 단차가 3~4cm 짧게 커트한다.

⑦ 좌측이 끝나면 우측 모발도 좌측 기장에 맞추어 커트한다.
이 때 좌측과 우측 모발을 센타선 중심으로 모아서 양쪽 기장이 맞는지 체크한다. 체크는 수시로 커트를 진행하면서 하고, 네이프 사이드 포인트, 이어 포인트, 프론트 사이드 포인트, 센타 포인트 등에서 실시한다.

⑧ 그 다음 섹션을 나눈다.

⑨ 바로 전 커트한 가이드 커트선에 맞추어 좌측, 우측 커트를 탑 부분까지 진행한다.

⑩ 백 부분이 끝나면 우측 모발을 커트하기 시작한다. 우측도 햄라인에서 사선(다이에거널)섹션 중 V(U)섹션으로 나누고 백 부분 모발을 가이드로 하여 커트한다.

⑪ 그 다음 섹션을 나누고 바로 전 커트 라인에 맞추어 커트를 한다.

⑫ 탑 부분까지 커트를 하고, 좌측도 우측과 동일한 방법으로 커트한다.

⑬ 앞부분 프렌지 부분을 내려서 코너를 제거한다.

⑭ 전체적으로 섹션과 대각으로 잡고 체크 커트를 한다.

⑮ 전체적으로 빗질을 잘해서 스타일을 낸다.

도해도

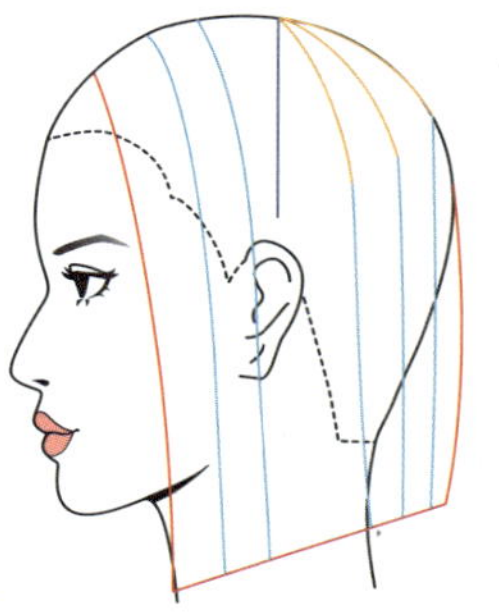
빗질

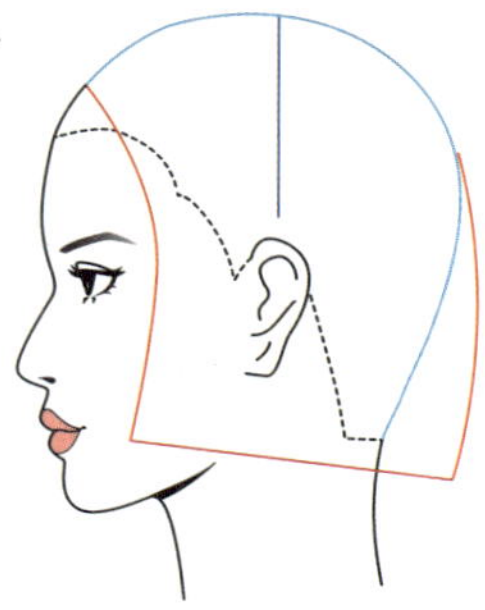
파팅

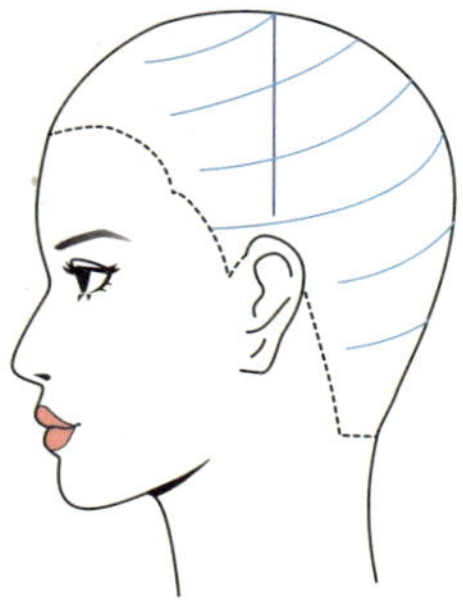
섹션

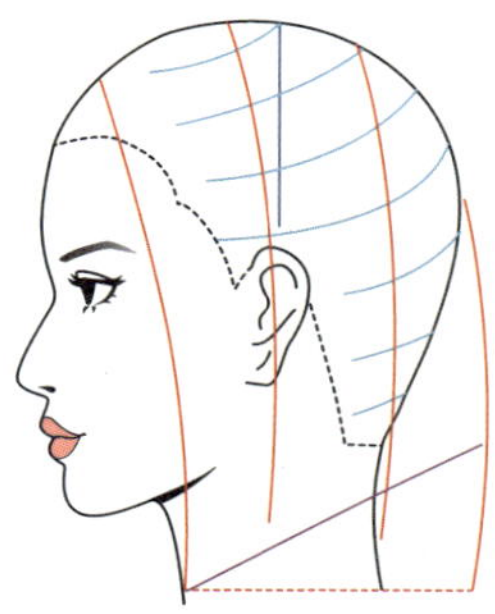
옆면

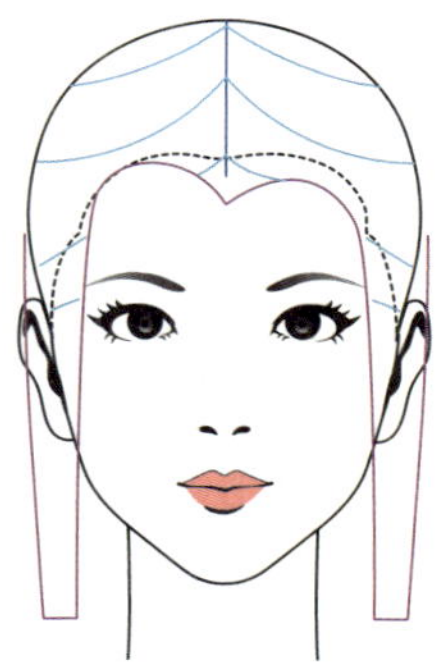
앞면

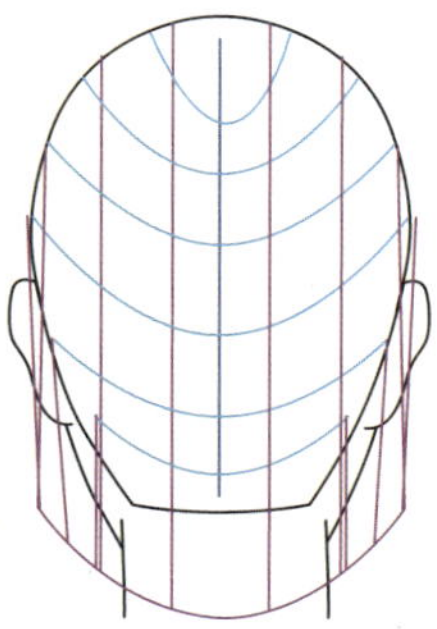
후면

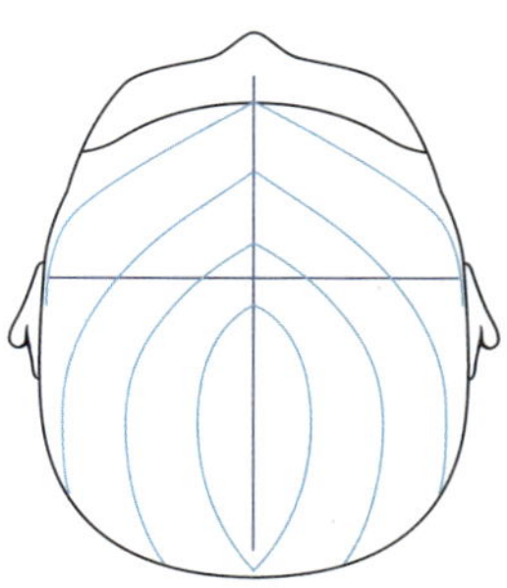
윗면

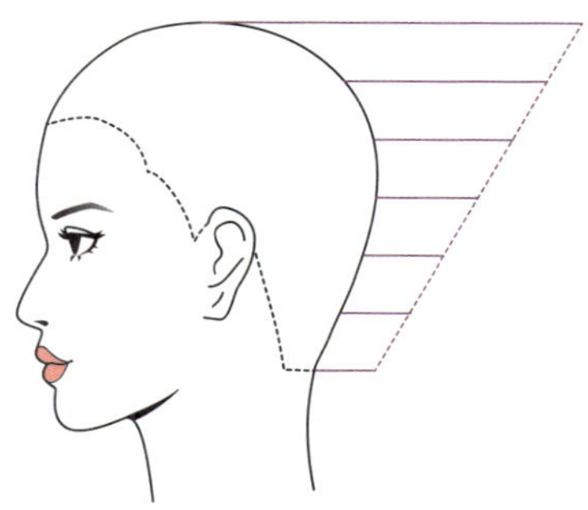
커트라인

01 커트 전 상태

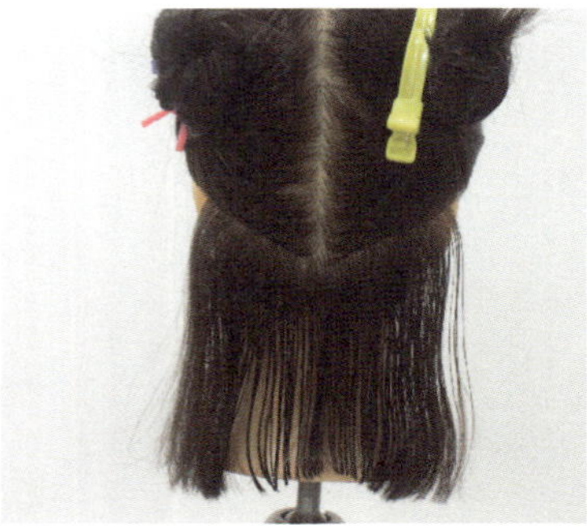

02 첫 섹션 내린 상태

03 길이를 정한다.

04 V 모양으로 가이드를 잡는다.

05 커트 진행

06 끝까지 커트 진행

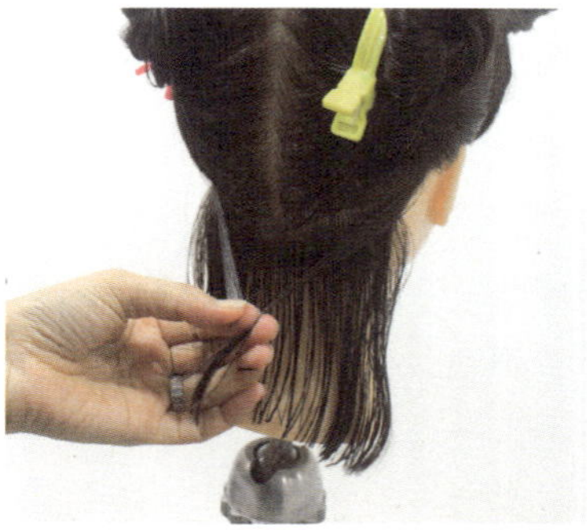

07 양 옆 같은 위치 모발을 중앙으로 가져와 가이드 맞춰본다.

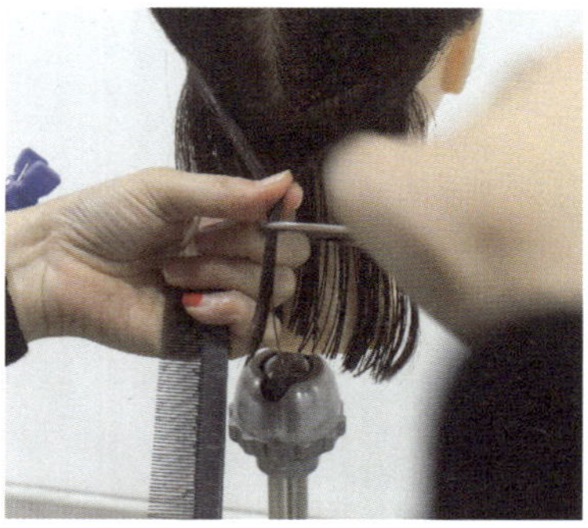

08 길이에 맞게 커트한다.

09 V 모양으로 길이에 맞춰 커트한다.

10 커트된 상태

11 다음 섹션 내린다.

12 밑 가이드에 맞춰 커트한다.

13 가이드에 맞춰 커트

14 끝까지 커트

15 옆 모발 끝까지 커트

16 커트된 상태

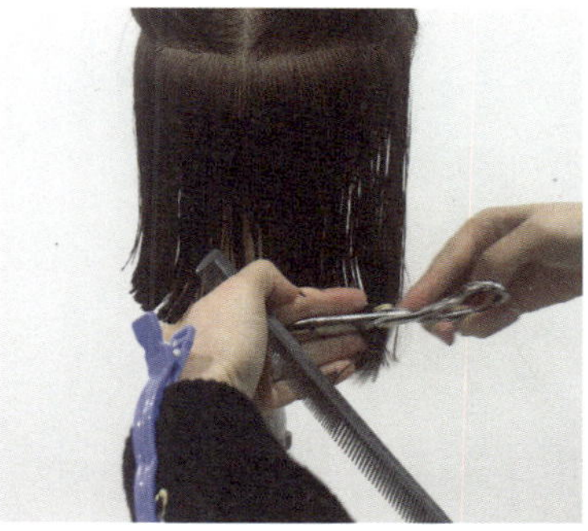

17 옆 모발 가이드에 맞춰 커트 진행

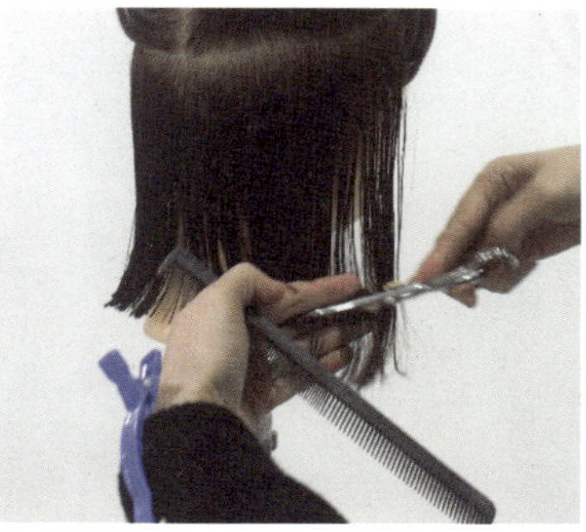

18 커트 진행

19 옆 모발 커트 진행

20 커트된 상태

21 다음 섹션 내린다.

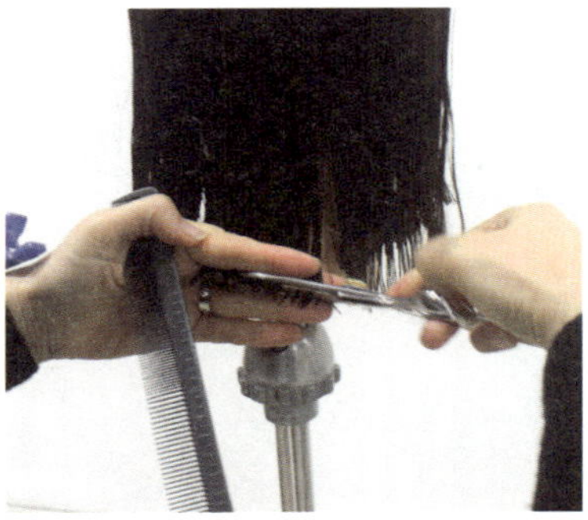

22 가이드에 맞춰 커트

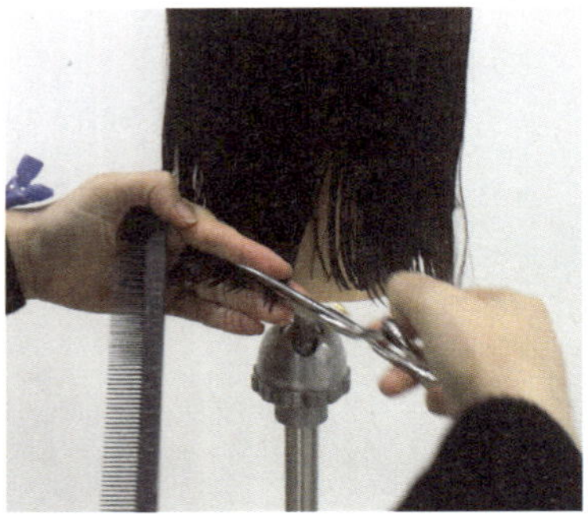

23 커트 진행

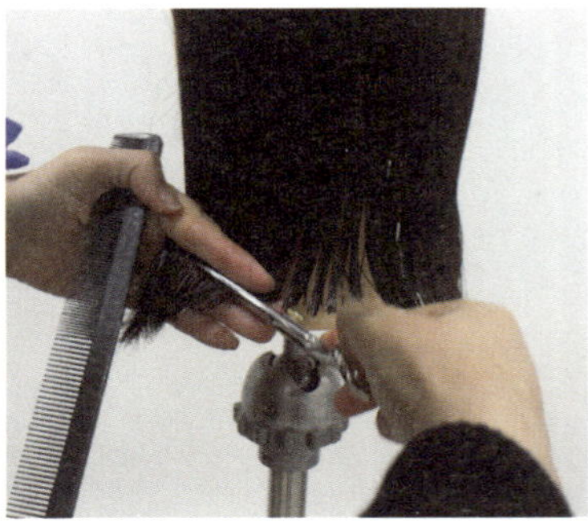

24 커트 진행

25 커트 진행

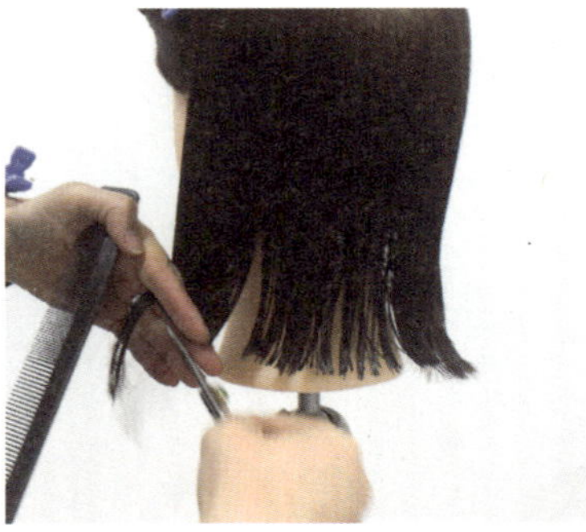

26 커트 진행

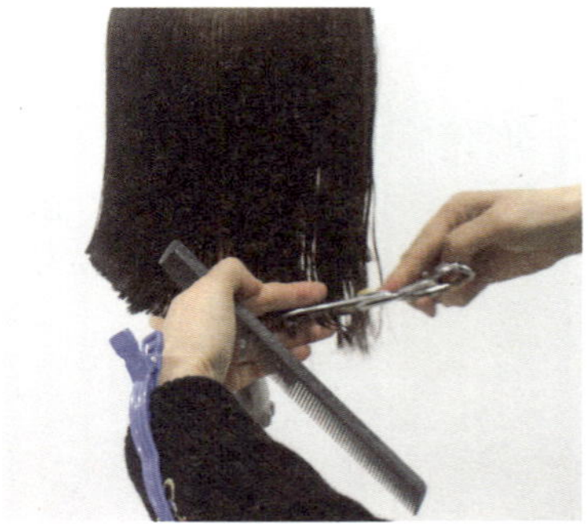

27 반대편 모발 가이드에 맞춰 커트 진행

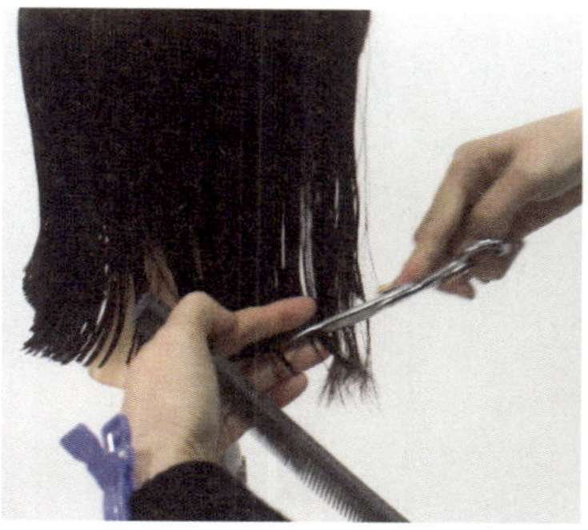
28 커트 진행

29 커트 진행

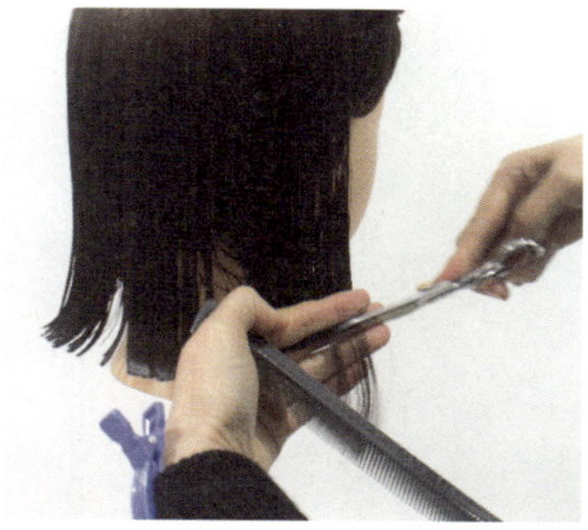
30 커트 진행

31 다음 섹션 내린다.

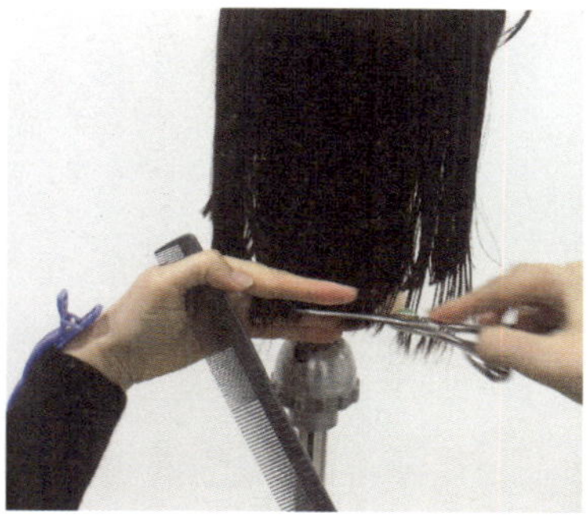
32 가이드에 맞춰 커트

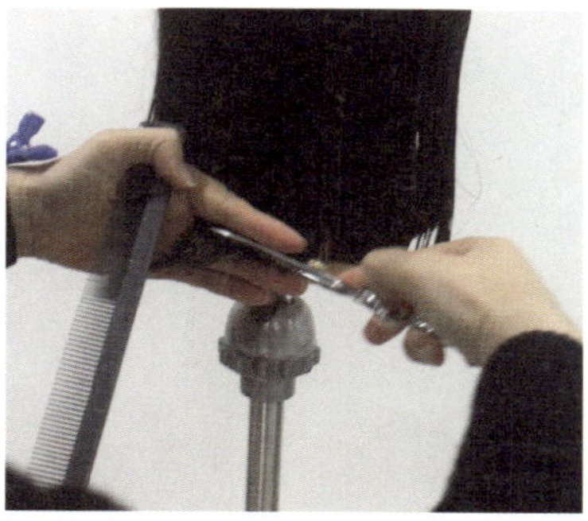
33 커트 진행

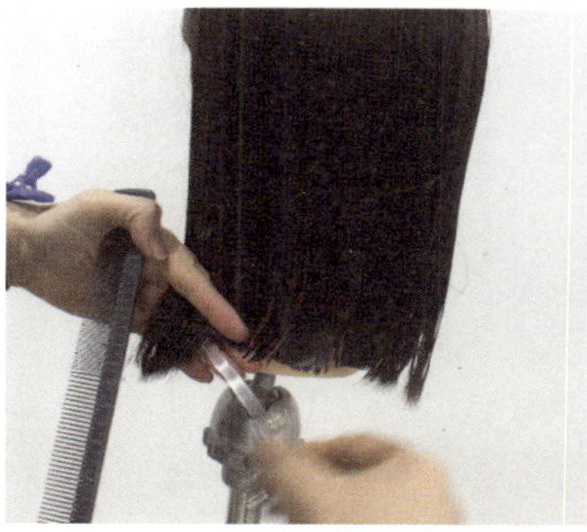
34 가이드에 맞춰 커트 진행

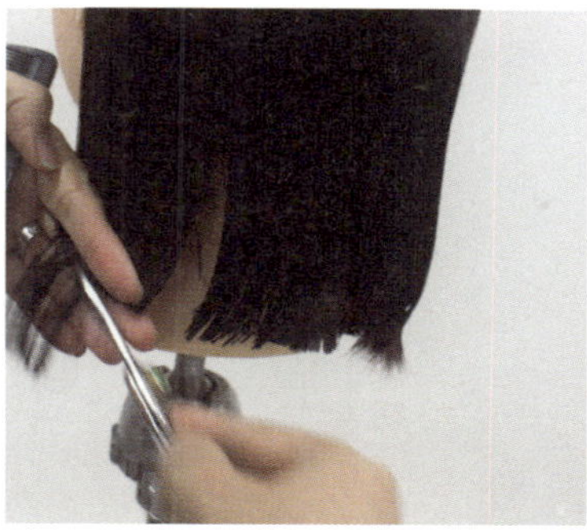
35 커트 진행

36 커트 진행

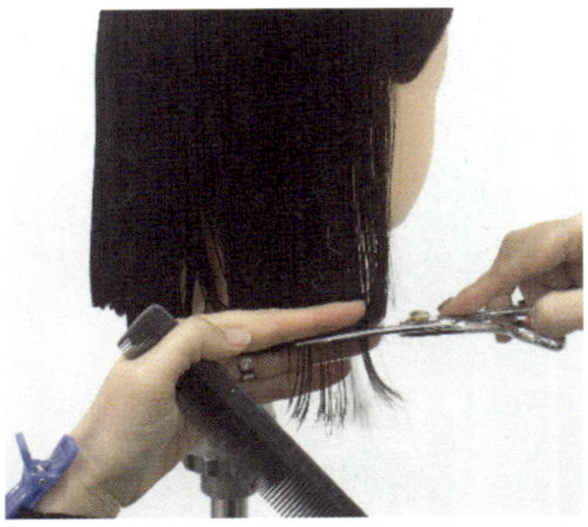

37 커트 진행

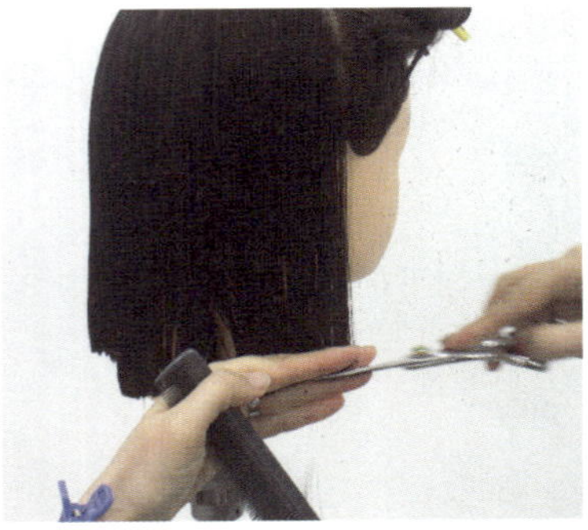

38 커트 진행

39 커트된 상태

40 옆 모발 섹션 내린다.

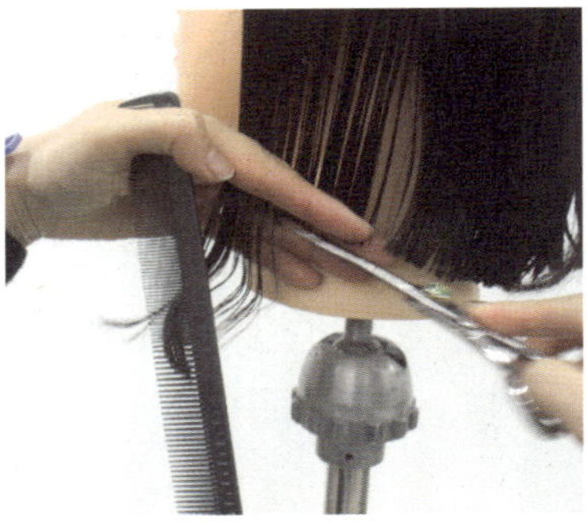

41 가이드 연결하여 커트 진행

42 끝까지 커트 진행

43 다음 섹션 내린다.

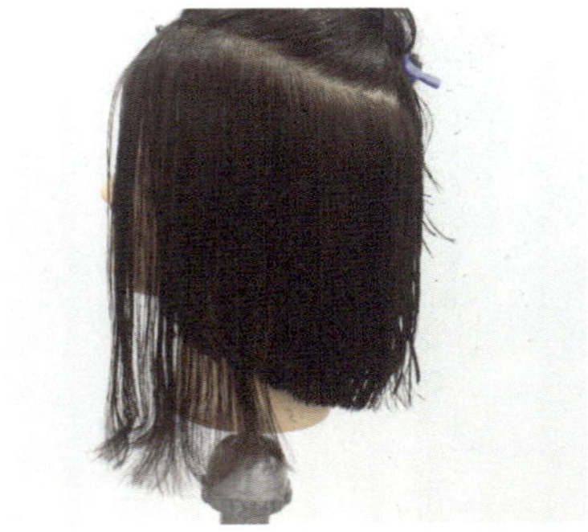

44 내린 상태

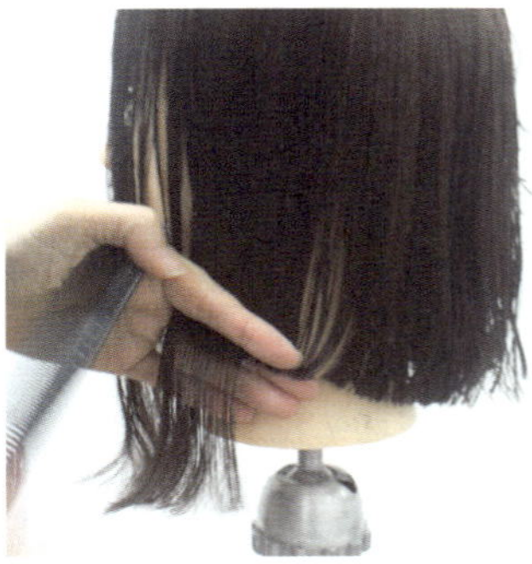

45 가이드에 맞춰 커트

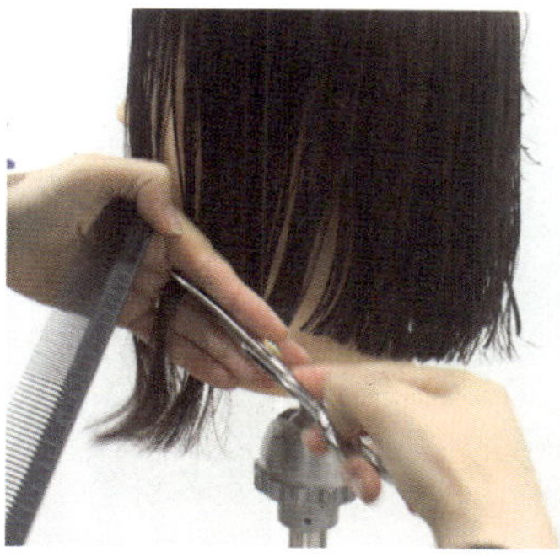
46 커트 진행

47 커트 진행

48 앞부분까지 내린 상태

49 빗질하여 밑 가이드와 같이 잡은 상태

50 커트 진행

51 커트된 상태

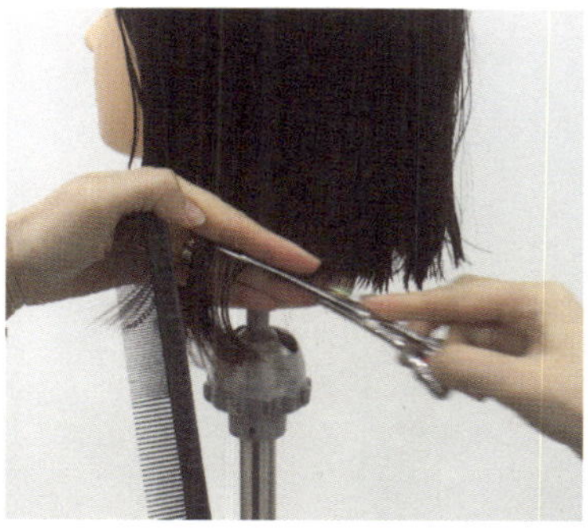
52 다음 섹션 내려 커트 진행

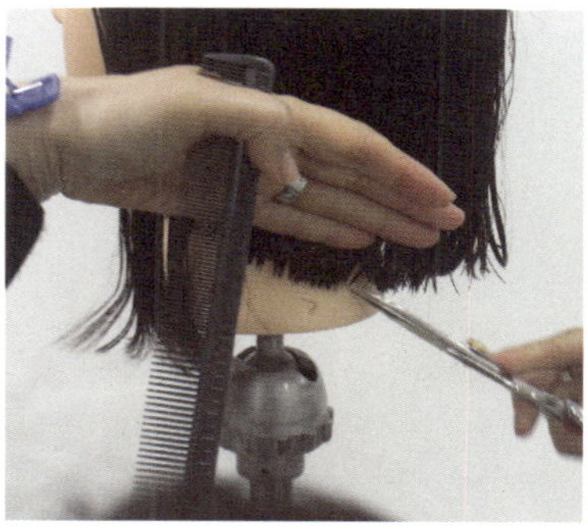
53 뒷 모발 수정 커트

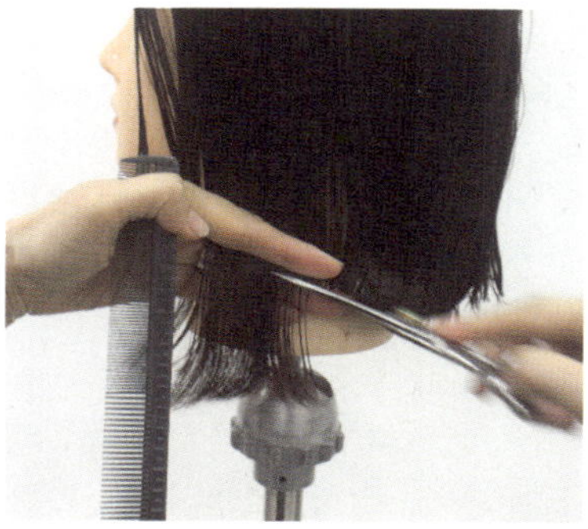
54 가이드에 맞춰 커트 진행

55 앞 모발까지 커트 진행

56 다음 섹션 내려 커트 진행

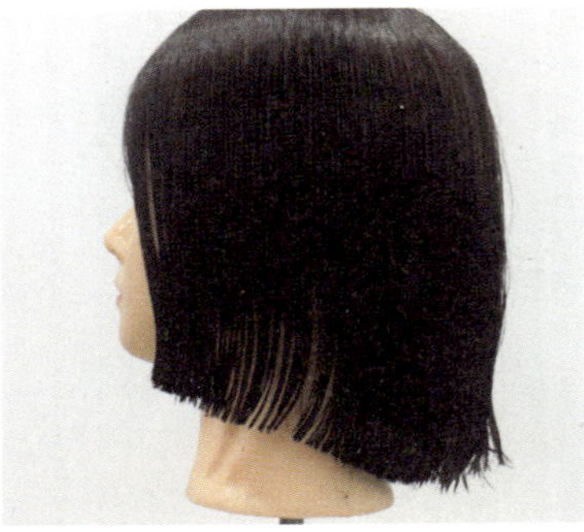

57 커트된 상태

58 반대편 섹션 내린다.

59 가이드와 연결하여 커트 진행

60 커트 진행

61 커트 진행

62 양 옆 모발 길이 체크

63 다음 섹션 내린다.

64 밑 가이드에 맞춰 커트 진행

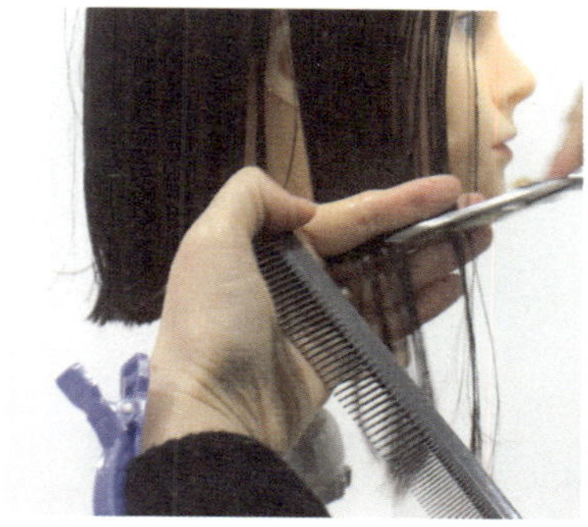
65 커트 진행

66 다음 섹션 내려 커트 진행

67 마지막 섹션 내린다.

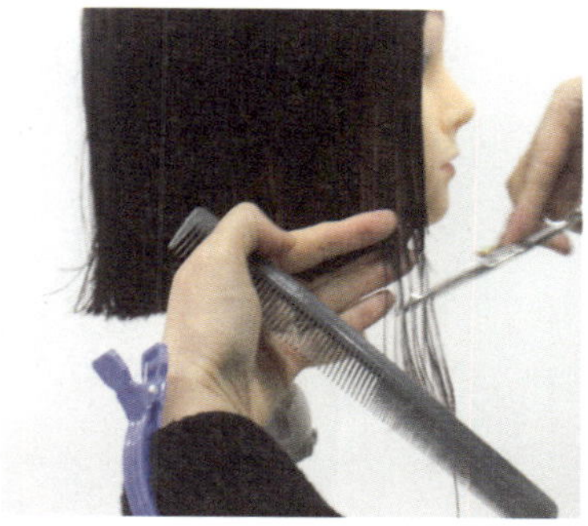
68 커트 진행

69 커트 진행

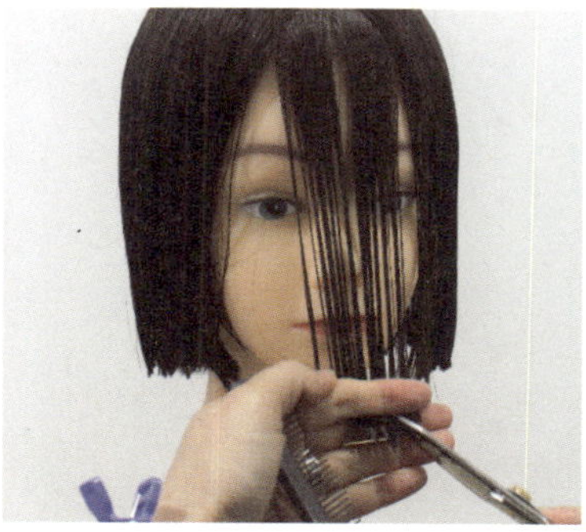
70 프렌지 부분 내린다.

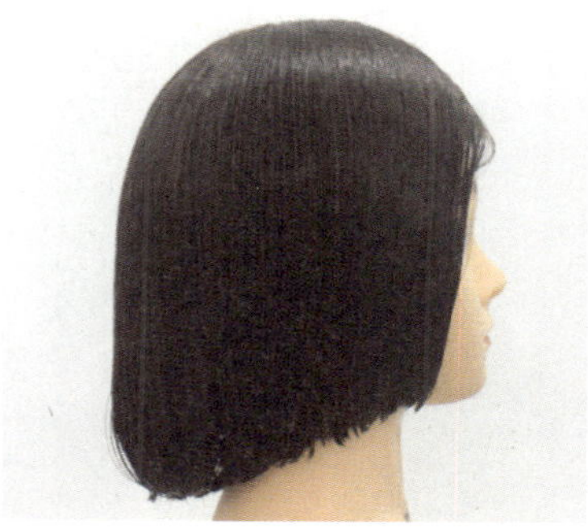
71 옆모습 커트된 상태

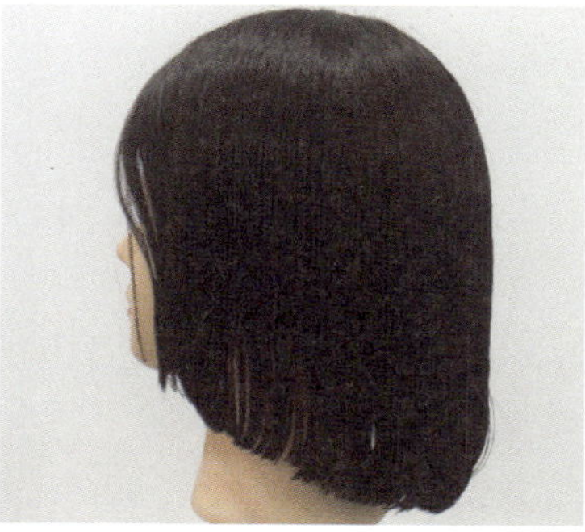
72 옆모습 커트된 상태

73 뒷모습 커트된 상태

74 앞모습 커트된 상태

75 숱 정리

76 숱 정리

77 앞으로 진행하면서 숱 정리

78 모선 부분 숱 정리

79 숱 정리된 상태

80 모발 정리

81 완성된 뒷모습

82 완성된 옆모습

83 완성된 앞모습

84 완성된 옆모습

02 그레쥬에이션 커트

이론

그레쥬에이션 커트로 커트 각도를 자연각도 45° 각도로 들어서 커트하는 스타일이다.

빗질

빗질은 피봇(방사선 빗질), 수직 빗질을 병행한다.

섹션

U라인으로 섹션을 나누며, 섹션 폭은 1~2cm로 한다.

각도

자연각도 45° 로 한다.

커트 테크닉

블런트 커트를 하며, 경우에 따라 포인트 커트를 하여 끝 라인을 좀 더 부드럽게 할 수 있다.

파팅

5파팅을 한다.

시술순서

① 전제적으로 분무를 하고 빗질을 한다.
분무는 커트를 할 때 모발이 마르지 않도록 자주 한다.

② 센타 파팅과 이어 투 이어 파팅을 나누고, 전두부를 따로 나누어 5파팅으로 나눈다.

③ 빗질을 한다. 이때 백 부분의 탑 부분은 피봇(방사선) 빗질을 하고 내려오면서 수직 빗질을 한다. 앞부분은 탑 부분에서 수직으로 빗어 내린다.
* 귀 부분 빗질 시에는 얼레살로 빗든지, 또는 빗은 후 빗등으로 귀 윗부분을 살짝 눌러 준다, 왜냐하면 귀 때문에 모발이 위로 당겨 올라가기 때문에 이를 미리 방지하기 위함이다.

④ 백 부분에서 네이프 라인부터 1~2cm 폭으로 사선(다이에거널)섹션 중 U섹션으로 나눈다.

⑤ 정중선 기준 가이드 기장을 정하고 0° 빗질하여 커트를 한다.

⑥ 가이드에 맞추어 좌측 모발 커트를 진행하는데 네이프 사이드 모발을 단차가 조금 있게 커트한다.

⑦ 좌측이 끝나면 우측 모발도 좌측 기장에 맞추어 커트한다.
이 때 좌측과 우측 모발을 센타선 중심으로 모아서 양쪽 기장이 맞는지 체크한다. 체크는 수시로 커트를 진행하면서 하고, 네이프 사이드 포인트, 이어 포인트, 프론트 사이드 포인트, 센타 포인트 등에서 실시한다.

⑧ 그 다음 섹션을 나눈다.

⑨ 바로 전 커트한 가이드 커트선에 맞추어 45° 로 판넬을 들어 좌측, 우측 커트를 탑 부분까지 진행한다.

⑩ 백 부분이 끝나면 우측 모발 커트를 하기 시작한다. 우측도 햄라인에서 사선(다이에거널)섹션 중 U섹션으로 나누고 백 부분 모발을 가이드로 하여 0° 빗질하여 커트를 한다.

⑪ 그 다음 섹션을 나누고 바로 전 커트 라인에 맞추어 45° 들어 커트를 한다.

⑫ 탑 부분까지 커트를 하고, 좌측도 우측과 동일한 방법으로 커트를 한다.
마지막 파팅 부분은 정중선을 기준으로 자연스럽게 빗질 후 밑단 가이드에 맞추어 두상을 따라 좌우 정리 커트한다.

⑬ 앞부분 프렌지 부분을 내려서 코너를 제거한다.

⑭ 전체적으로 섹션과 대각으로 잡고 체크 커트를 한다.

⑮ 전체적으로 빗질을 잘해서 스타일을 낸다.

도해도

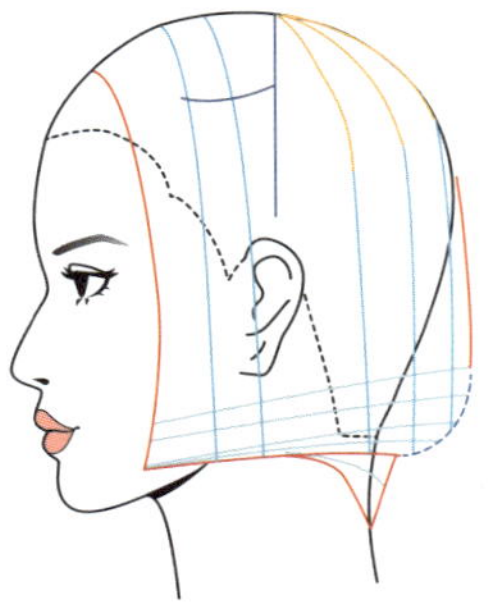

빗질

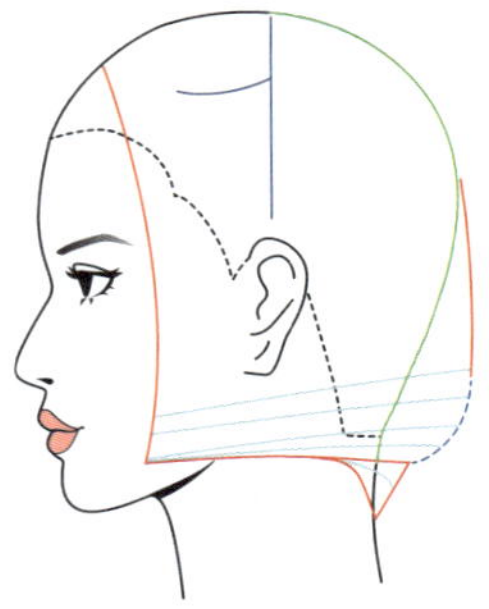

파팅

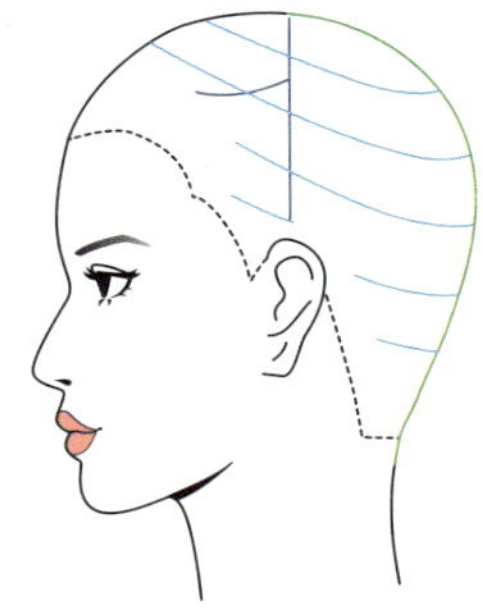

섹션

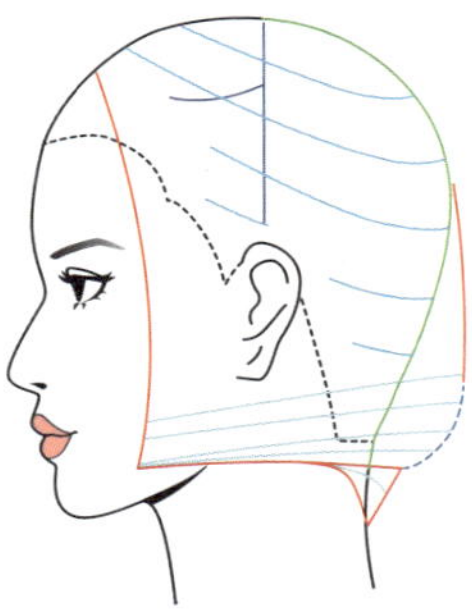

옆면

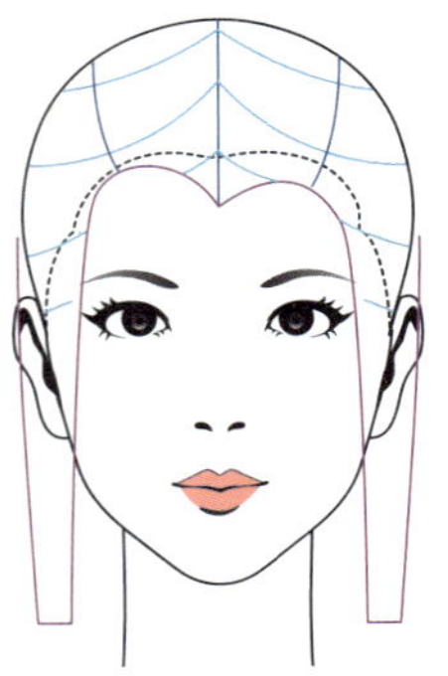

앞면

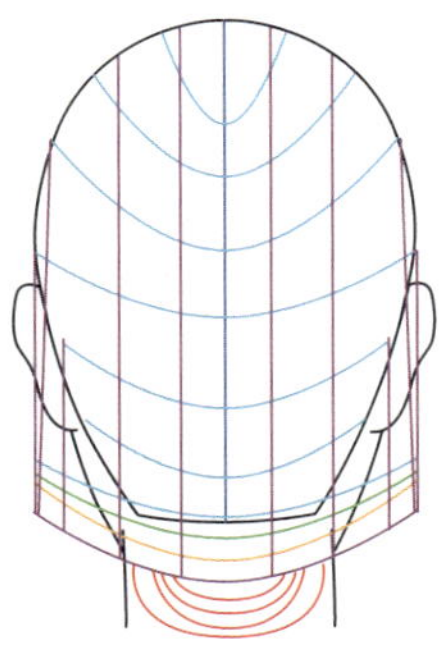

후면

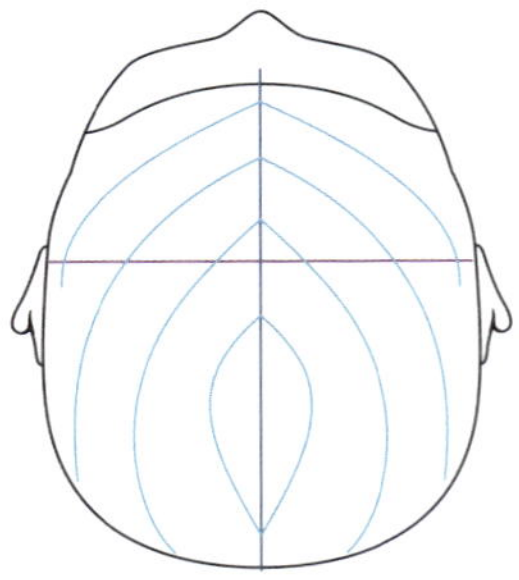

윗면

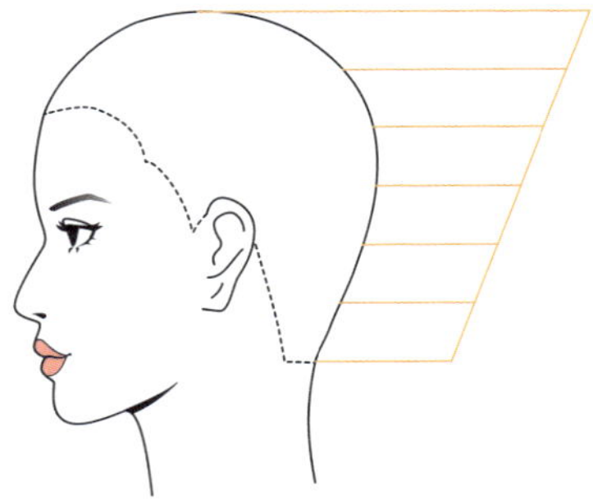

커트라인

01 커트 전 상태

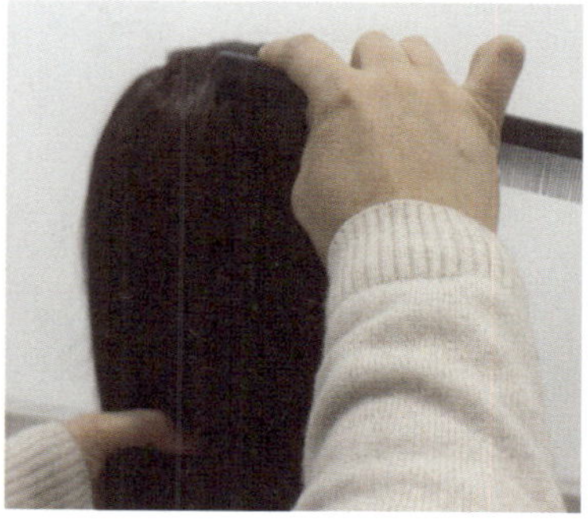
02 센타 파팅 나눈다.

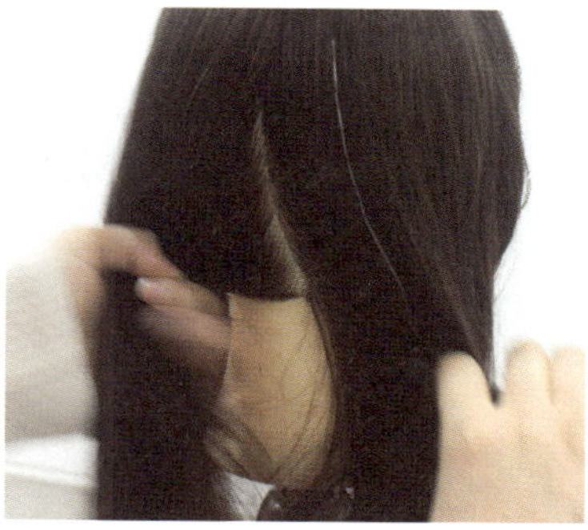
03 뒷부분까지 파팅한다.

04 모발 정리

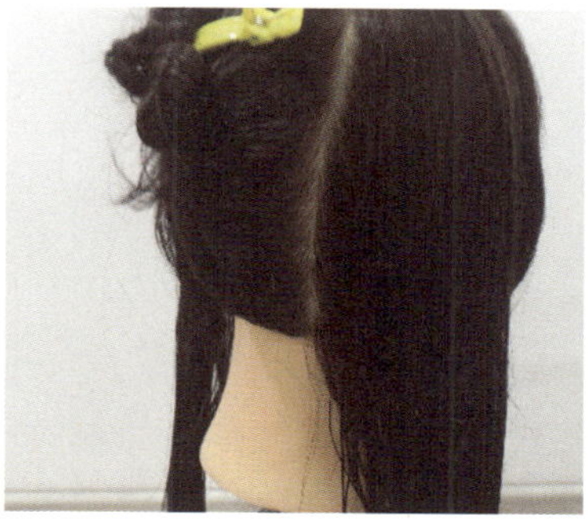
05 모발 정리

06 양 옆 모발 정리

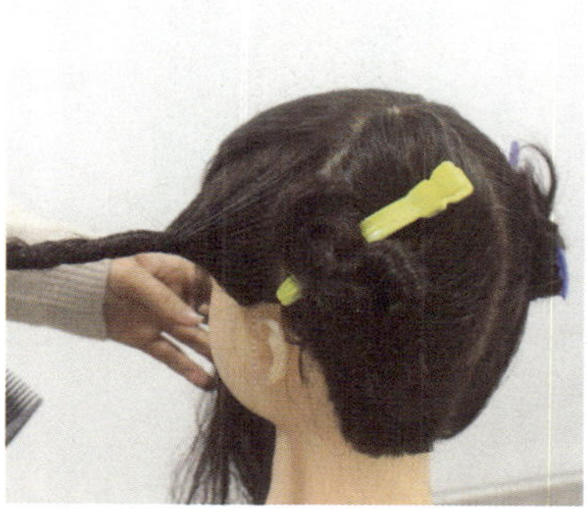
07 옆 모발 파팅 정리

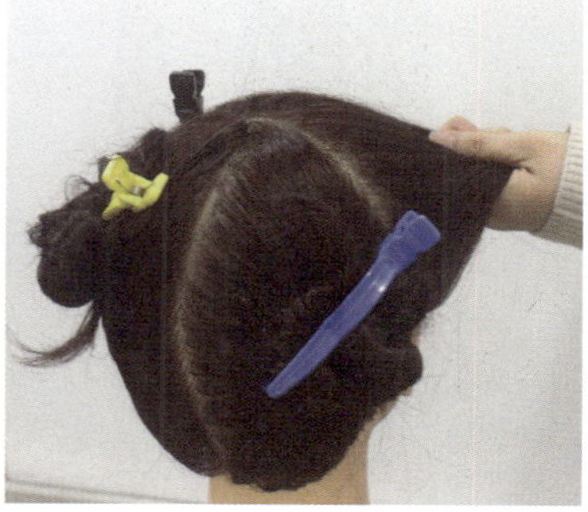
08 반대편 모발 정리

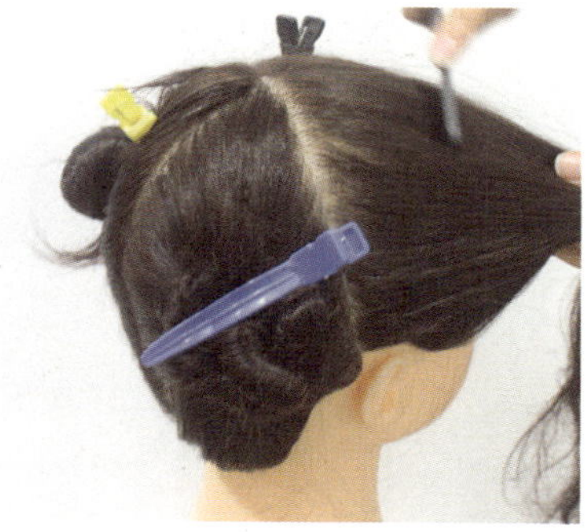
09 탑 부분 파팅 나눈다.

10 탑 부분 정리

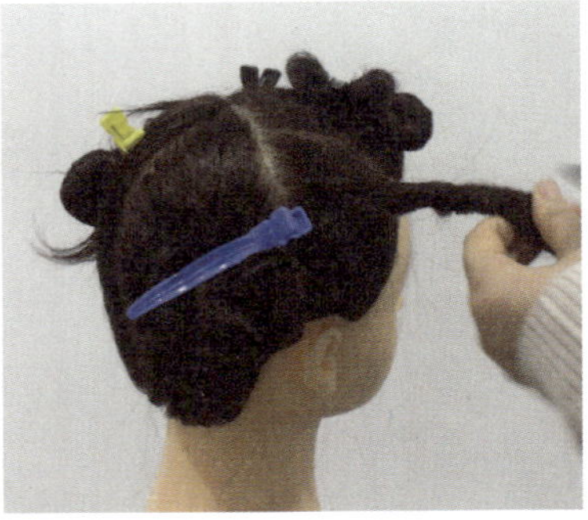

11 옆 모발 정리

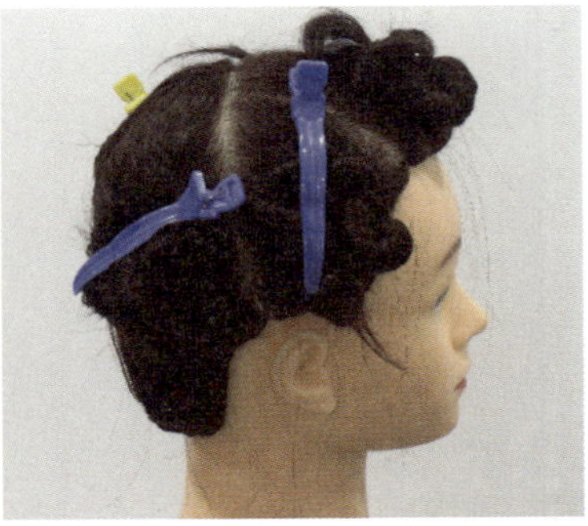

12 정리 파팅된 상태

13 정리된 윗모습

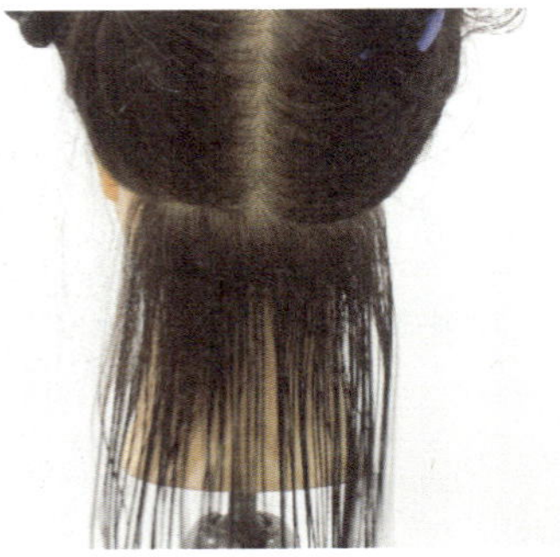

14 후두부 첫 섹션 0° 내린다.

15 중앙부분 길이 가이드 정한다.

16 커트 진행

17 옆모발 가이드와 연결하여 잡는다.

18 커트(라운드 모양) 진행

19 커트된 상태

20 반대편 가이드 연결하여 잡는다.

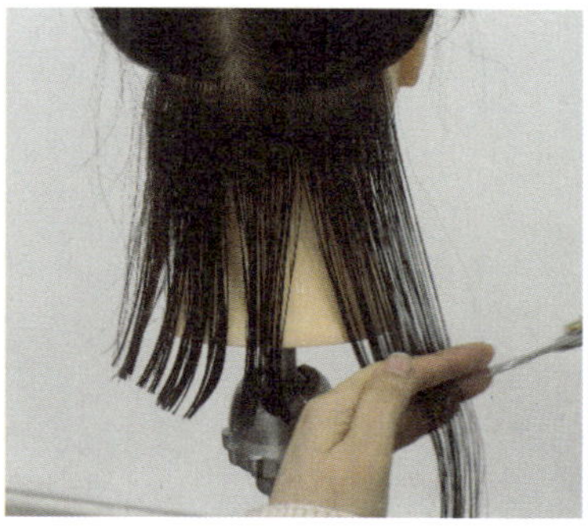
21 커트 진행

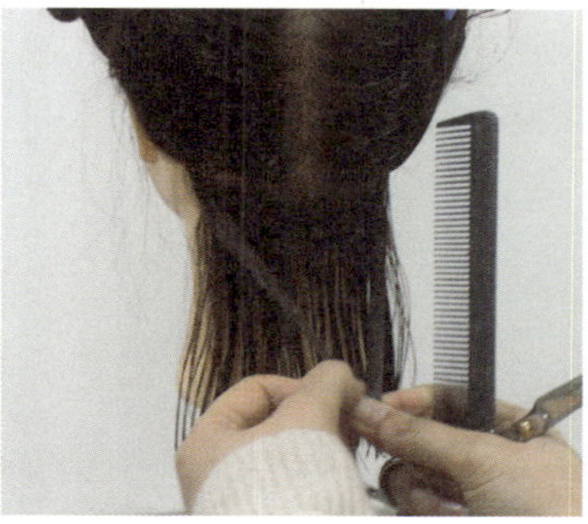
22 양 옆 길이 체크

23 다음 섹션 내린다.

24 반대편 섹션 내린다.

25 다음 섹션 45° 빗질하여 내린다.

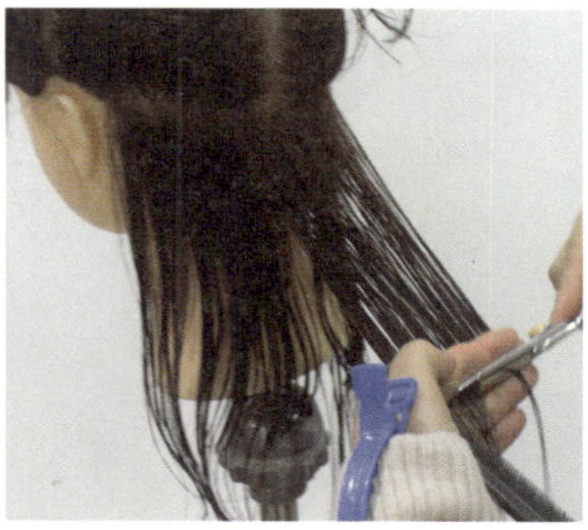
26 밑 가이드와 같이 잡아 커트 진행한다.

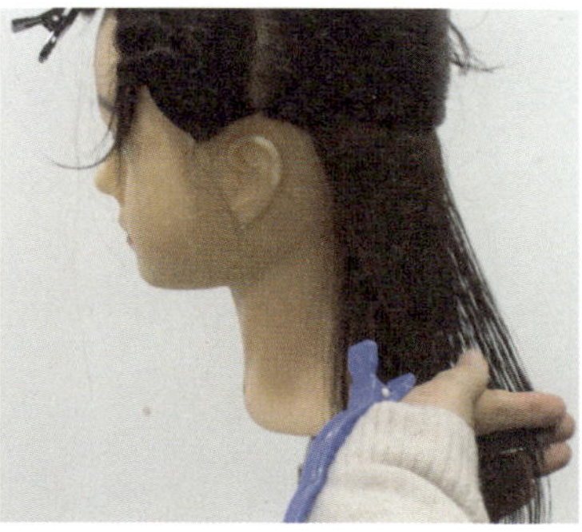
27 옆 모발 가이드와 맞춰 잡는다.

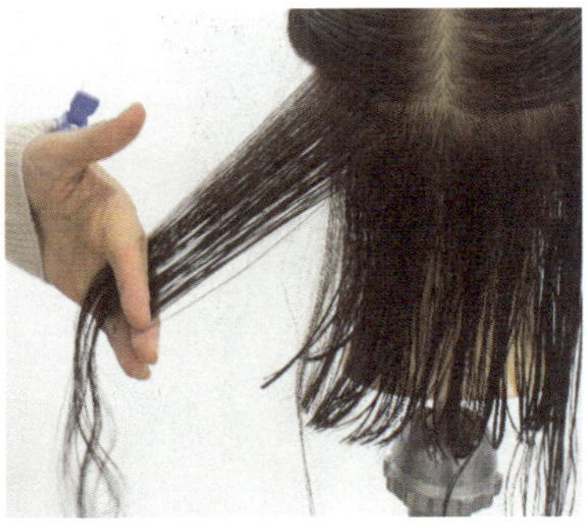

28 45° 잡은 상태

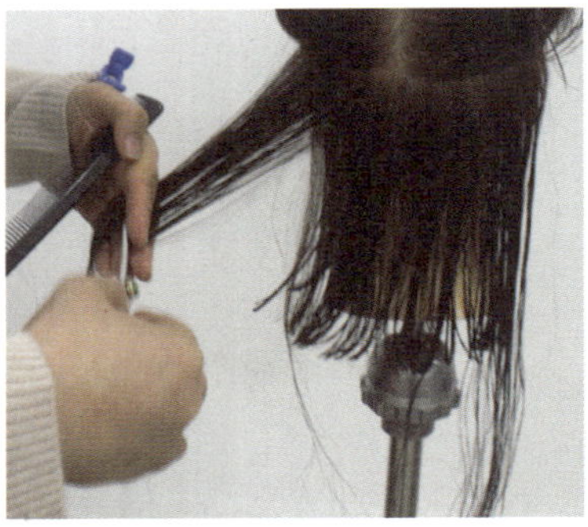

29 커트 진행

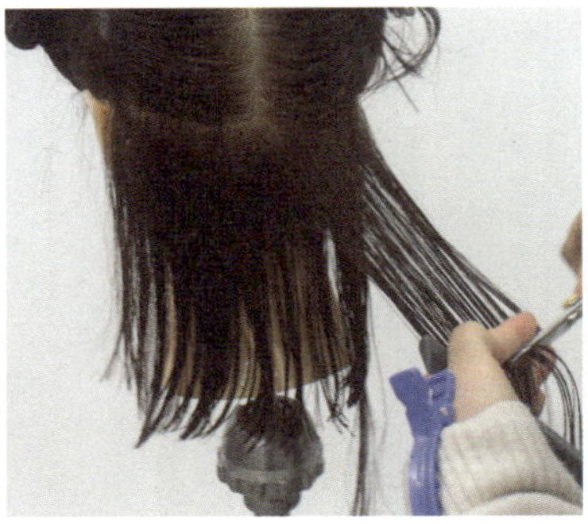

30 반대편 커트 진행

31 커트 진행

32 다음 섹션 내린다.

33 반대편 섹션 내린다.

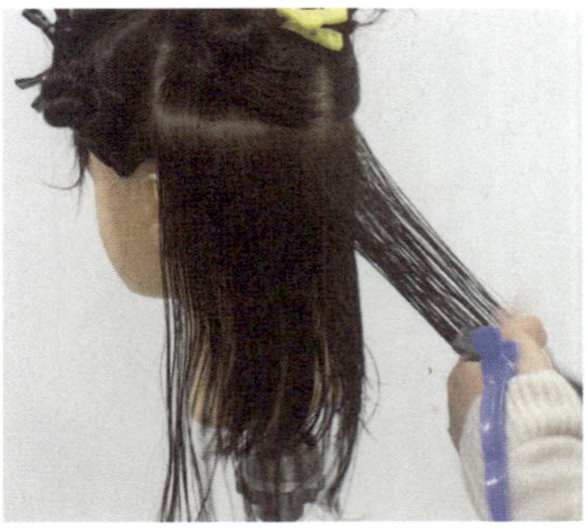

34 45° 로 가이드와 같이 잡는다.

35 잡은 상태

36 커트 진행

37 커트 진행

38 옆으로 이동하면서 커트 진행

39 커트 진행

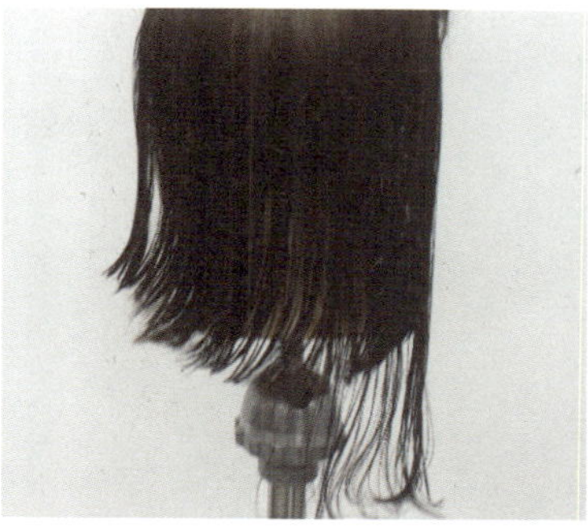
40 옆면 커트된 상태

41 반대편 45°로 밑 가이드와 잡아 커트 진행

42 양 옆 길이 체크

43 옆모발 가이드와 같이 잡는다.

44 커트 진행

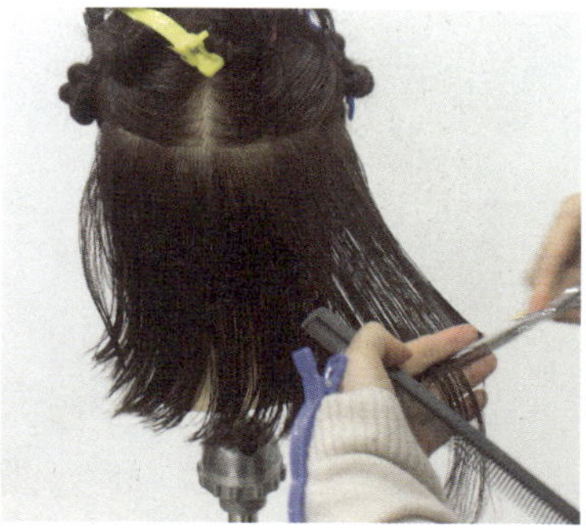
45 커트 진행

46 다음 섹션 내린다.

47 섹션 내린 상태

48 45° 밑 가이드와 같이 잡은 상태

49 커트 진행

50 양 옆으로 커트 진행

51 커트 진행

52 반대편 커트 진행

53 커트 진행

54 양 옆 길이 체크

55 45° 가이드와 같이 잡는다.

56 커트 진행

57 옆으로 진행하면서 커트 진행

58 커트 진행

59 반대편 밑 가이드와 잡고 커트 진행

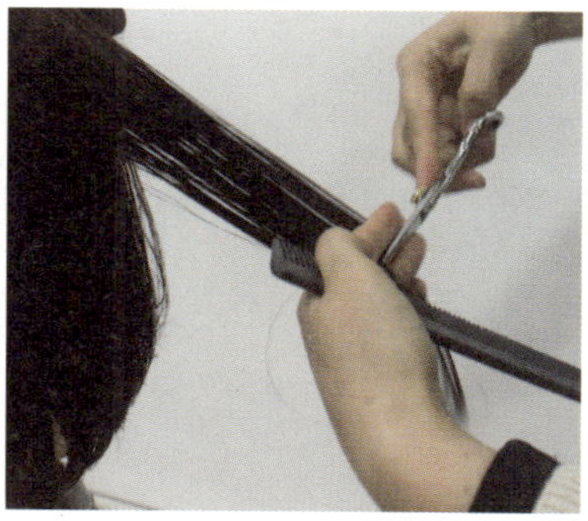
60 커트 진행

61 커트된 상태

62 다음 섹션 내린다.

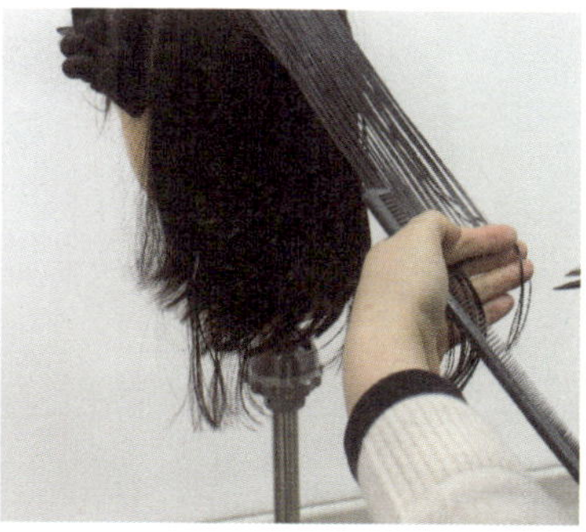
63 가이드에 맞춰 잡는다.

64 커트 진행

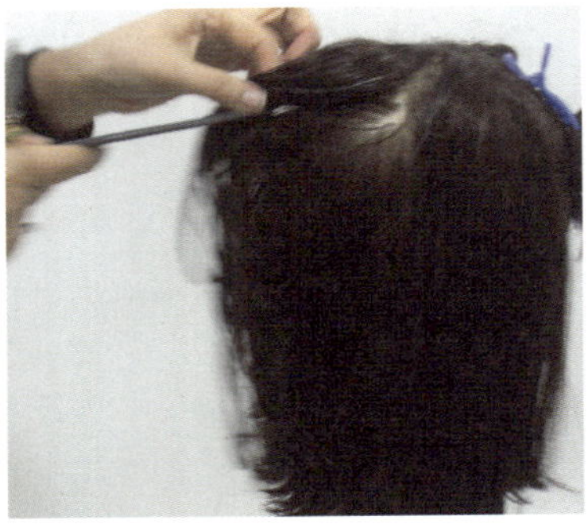

65 옆으로 진행하면서 내린다.

66 커트 진행

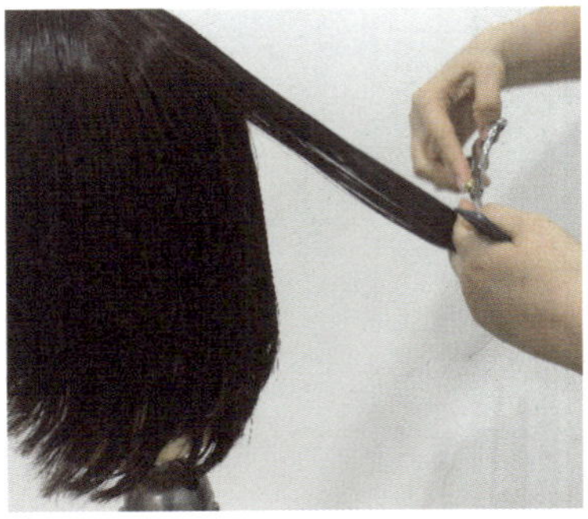

67 반대편 커트 진행

68 후두부 커트된 상태

69 측두부 커트된 상태

70 옆 모발 섹션 내린다.

71 옆 가이드에 맞춰 커트

72 커트된 상태

73 두 번째 섹션 45° 잡는다.

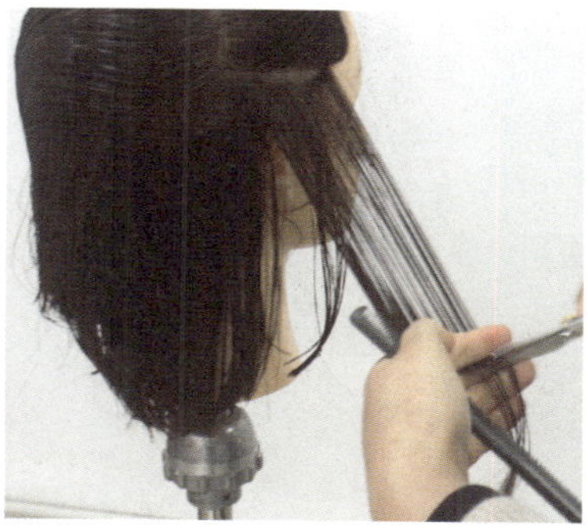
74 커트 진행

75 커트 진행

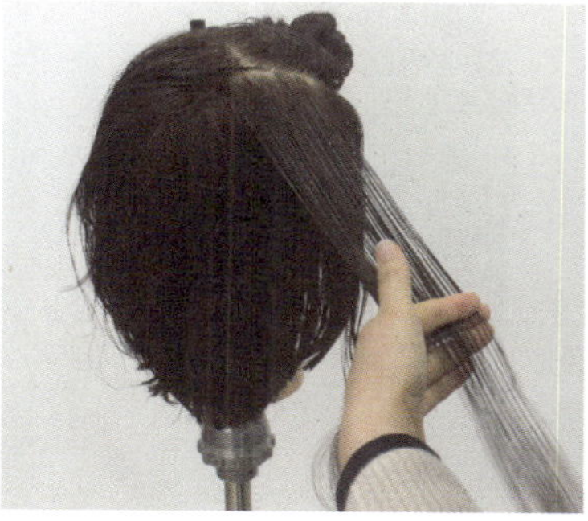
76 다음 섹션 내려 가이드와 같이 잡는다.

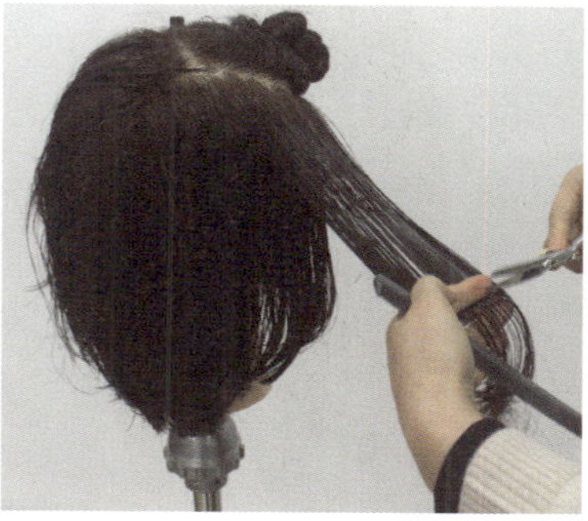
77 커트 진행

78 커트 진행, 다음 섹션들도 동일한 방법으로 커트한다.

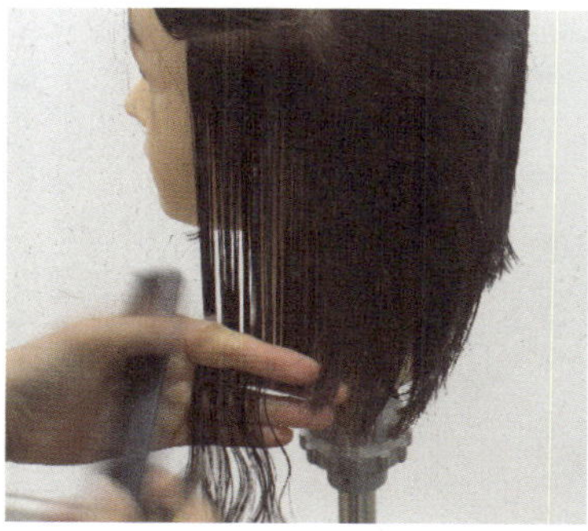
79 반대편 섹션 내린다.

80 옆 가이드에 맞춰 커트한다.

81 두 번째 섹션 45°로 내려잡는다.

82 커트 진행

83 커트 진행

84 커트 진행

85 양 옆 모발 길이 체크

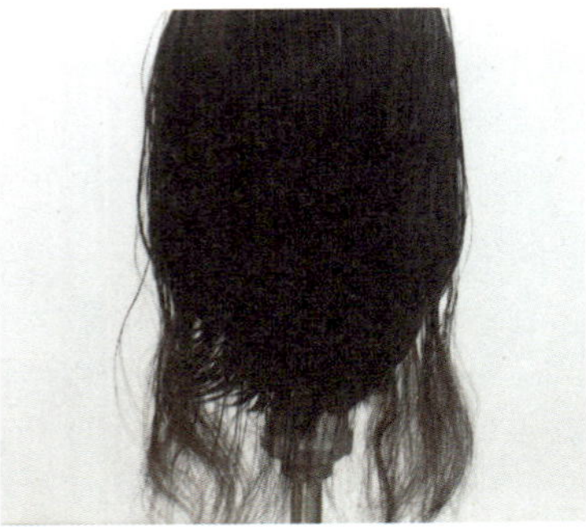
86 탑부분 모발 방사선으로 내린다.

87 후두부 부분부터 45°로 가이드와 같이 잡고 커트한다.

88 옆으로 이동하면서 커트

89 커트 진행

90 커트 진행

91 반대편 커트 진행

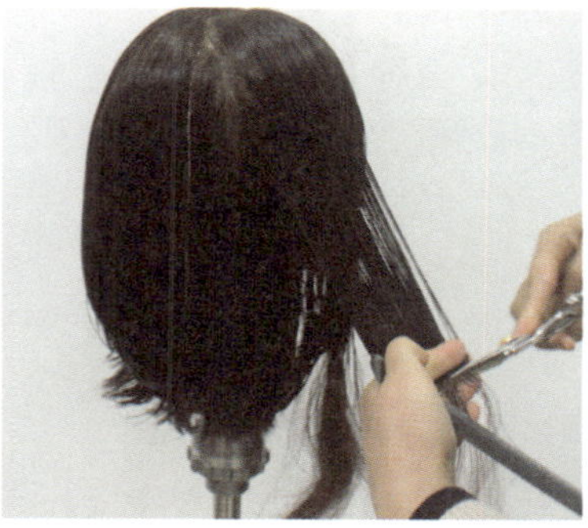

92 커트 진행

93 커트 진행

94 프렌지 부분 코너 제거

95 숱 정리

96 숱 정리

97 숱 정리

98 완성된 뒷모습

99 완성된 뒷모습

100 완성된 옆모습

101 완성된 옆모습

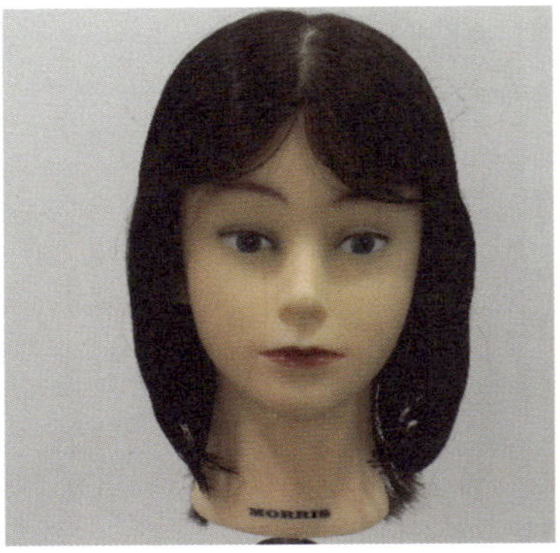

102 완성된 앞모습

03 레이어 커트

이론

레이어 커트 시술 시 수평섹션을 떠서 커트할 수 있다.
유니폼 레이어는 머리 길이를 동일하게 커트하는 것으로 베이스는 온 더 베이스를 하고, 커트 각도는 두피 각도 90°로 들어서 커트를 진행한다.

빗질

빗질은 피봇(방사선 빗질), 수직 빗질을 병행한다.

섹션

호리존탈섹션을 나누며, 섹션 폭은 1~2cm로 한다.

각도

두피 각도 90°로 한다.

커트 테크닉

블런트 커트를 하며, 경우에 따라 포인트 커트를 하여 끝 라인을 좀 더 부드럽게 할 수 있다.

파팅

5파팅을 한다.

베이스

온 더 베이스

시술순서

① 전체적으로 분무를 하고 빗질을 한다.
분무는 커트를 할 때 모발이 마르지 않도록 자주 한다.

② 센타 파팅과 이어 투 이어 파팅을 나누고, 전두부를 따로 나누어 5파팅으로 나뉜다.

③ 빗질을 한다. 이때 백 부분의 탑 부분은 피봇(방사선) 빗질을 하고 내려오면서 수직 빗질을 한다.
앞부분은 탑부분에서 수직으로 빗어 내린다.
* 귀 부분 빗질 시에는 얼레살로 빗든지, 또는 빗은 후 빗등으로 귀 윗부분을 살짝 눌러 준다. 왜냐하면 귀 때문에 모발이 위로 당겨 올라가기 때문에 이를 미리 방지하기 위함이다.

④ 백 부분에서 네이프 라인부터 1~2cm 폭으로 호리존탈섹션으로 나눈다.

⑤ 정중선 기준 가이드 기장을 정하고 커트를 한다.

⑥ 가이드에 맞추어 좌측 모발을 0°로 빗질하여 커트를 진행한다.

⑦ 좌측이 끝나면 우측 모발도 좌측 기장에 맞추어 커트한다.
이 때 좌측과 우측 모발을 센타선 중심으로 모아서 양쪽 기장이 맞는지 체크한다. 체크는 수시로 커트를 진행하면서 하고, 네이프 사이드 포인트, 이어 포인트, 프론트 사이드 포인트, 센타 포인트 등에서 실시한다.

⑧ 그 다음 섹션을 나눈다.

⑨ 바로 전 커트한 가이드 커트선에 맞추어 90°로 들어서 좌측, 우측 커트를 탑 부분까지 진행한다.
탑 부분에는 피봇섹션으로 나누어 아래 가이드와 연결하여 커트한다.

⑩ 백 부분이 끝나면 우측 모발을 커트하기 시작한다. 우측도 햄라인에서 호리존탈섹션으로 나누고 백 부분 모발을 0°로 빗질하여 가이드로 하여 커트를 한다.

⑪ 그 다음 섹션을 나누고 바로 전 커트라인에 맞추어 90° 들어 커트한다.

⑫ 탑부분까지 커트를 하고, 좌측도 우측과 동일한 방법으로 커트한다.

⑬ 마지막 파팅 부분은 중앙을 백가이드와 연결하여 커트하고, 사이드 모발과 중앙 모발을 연결하여 프론트 방향 커트를 진행한다.

⑭ 앞부분 프렌지 부분을 내려서 코너를 제거한다.

⑮ 전체적으로 섹션과 대각으로 잡고 체크 커트를 한다.

⑯ 전체적으로 빗질을 잘해서 스타일을 낸다.

도해도

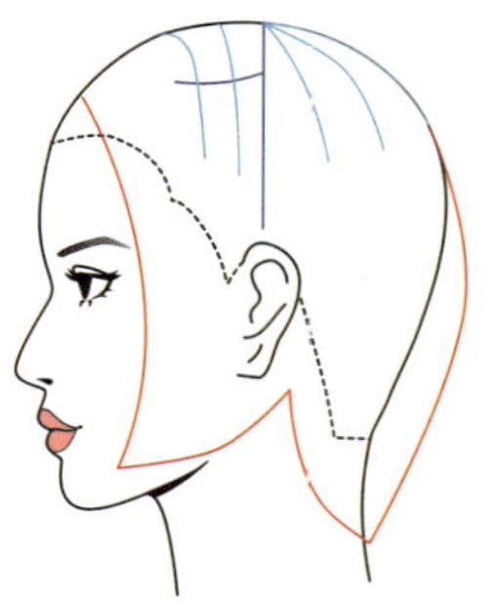
빗질

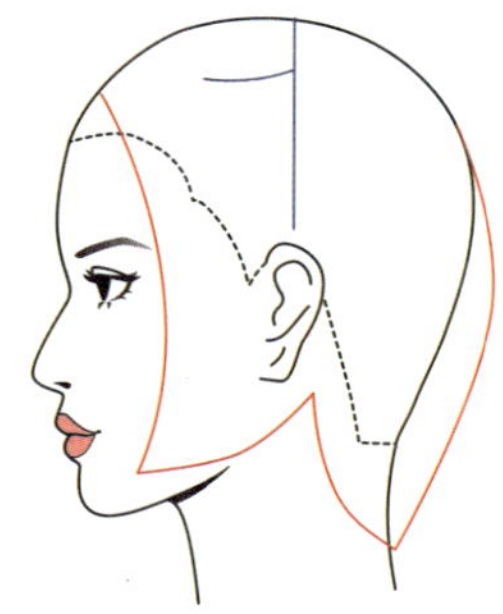
파팅

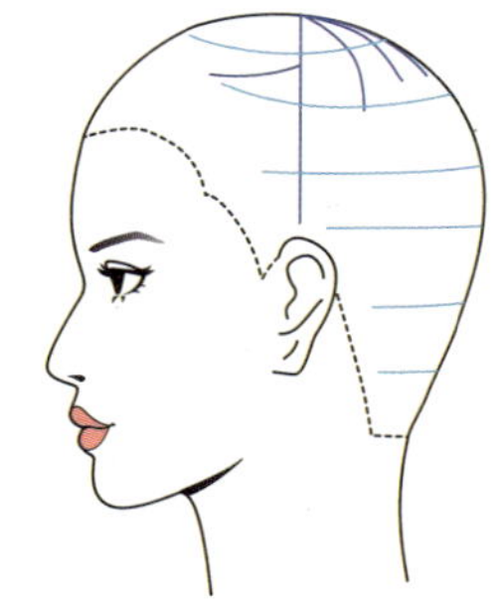
섹션

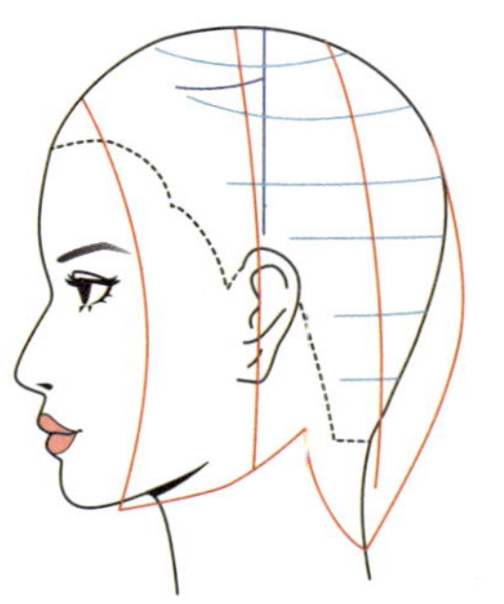
옆면

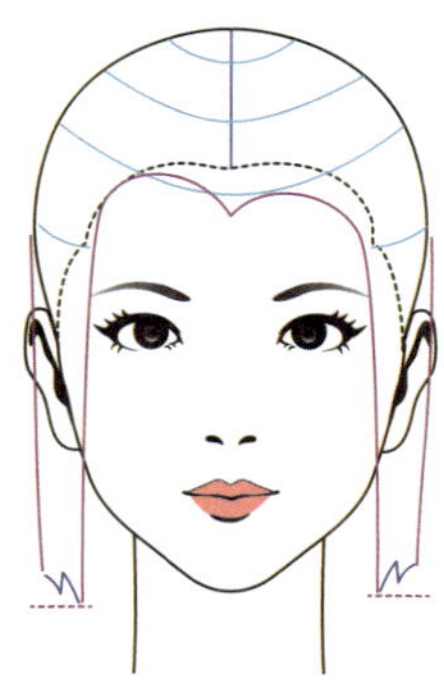
앞면

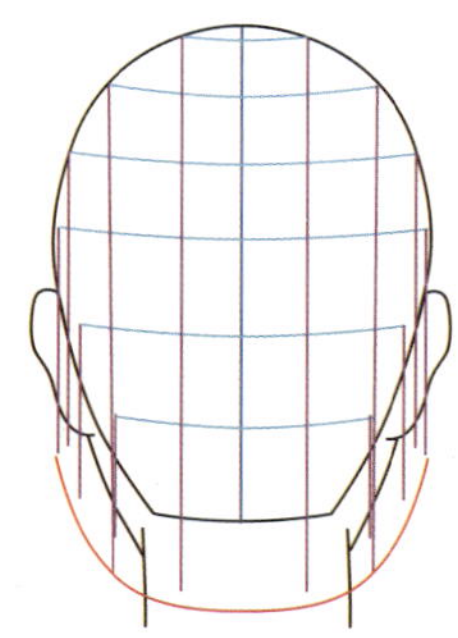
후면

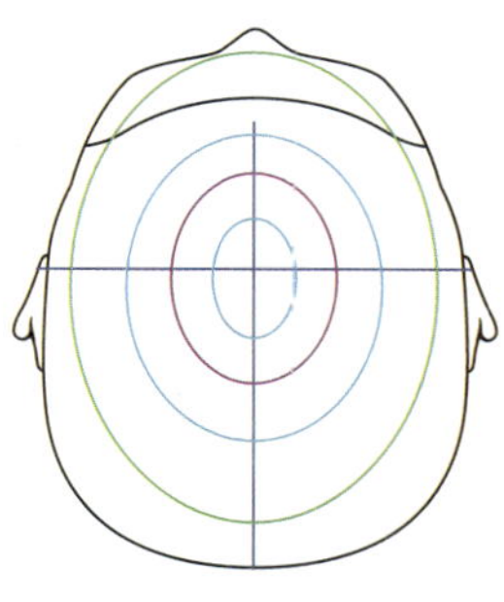
윗면

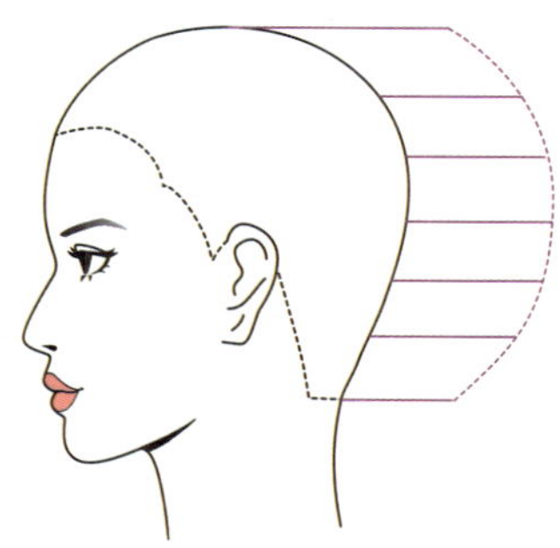
커트라인

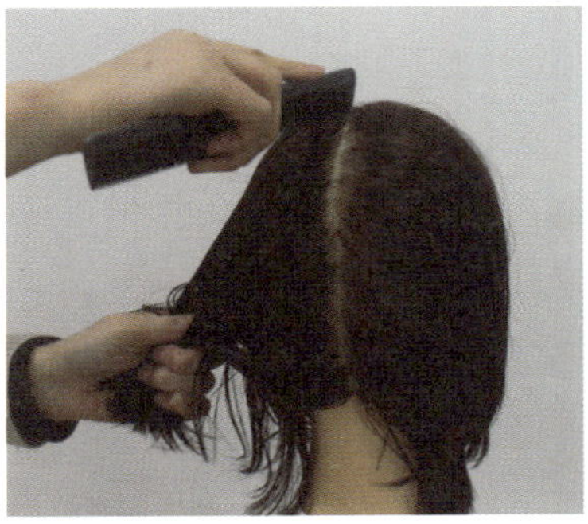

01 센터파팅을 나눈다.

02 양 옆 모발 정리

03 정리된 상태

04 앞 모발 정리

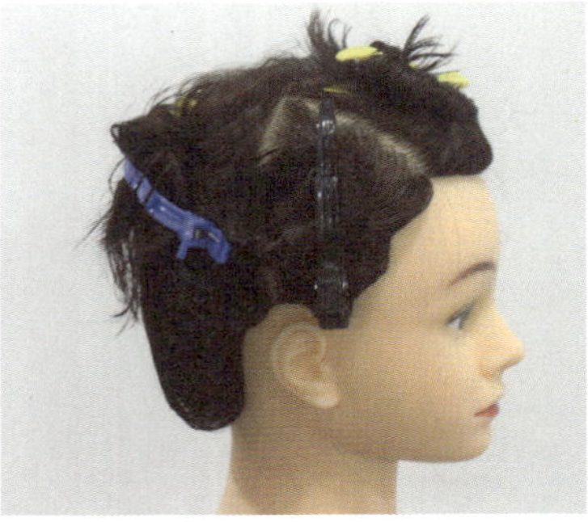

05 정리된 상태

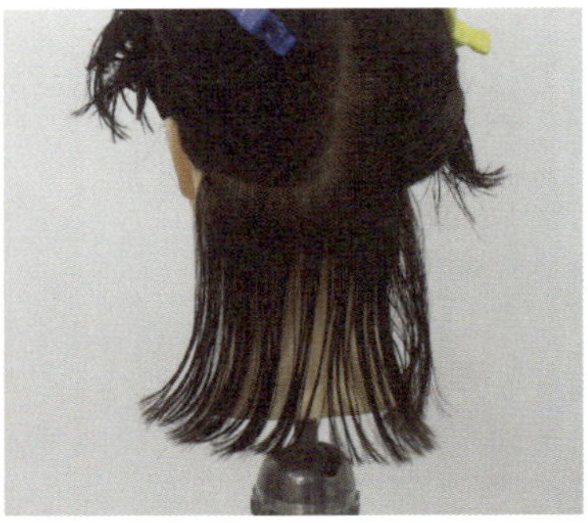

06 첫 섹션 내린다.

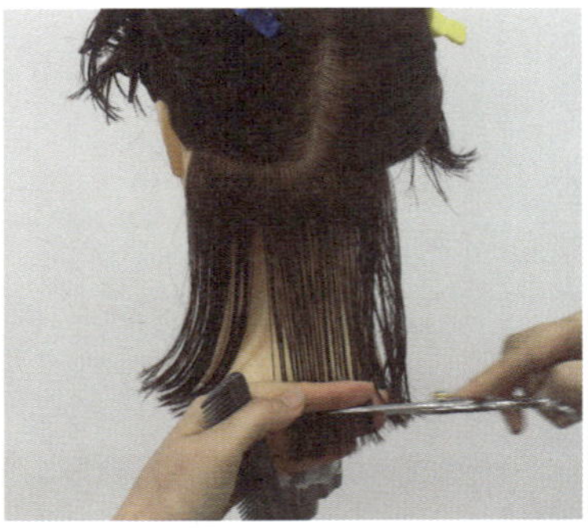

07 길이 가이드 정하여 커트

08 옆으로 커트 진행

09 커트 진행

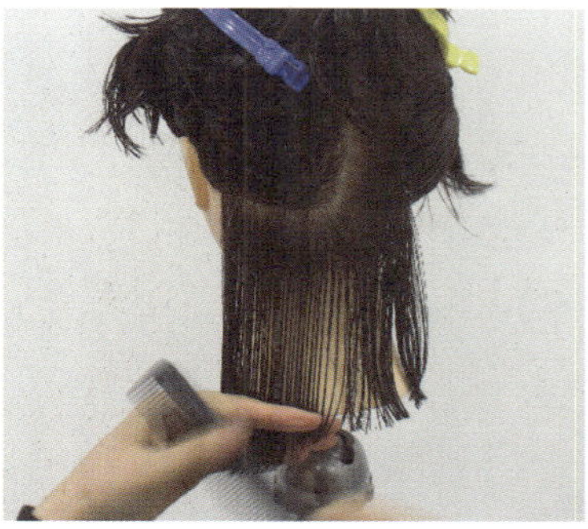
10 반대편 커트 진행

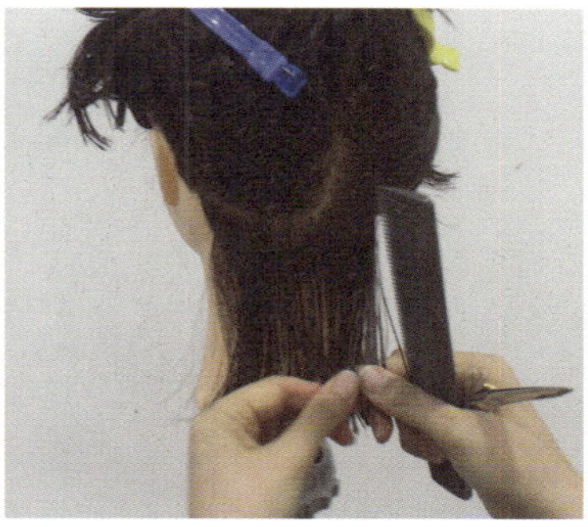
11 양 옆 모발 길이 커트

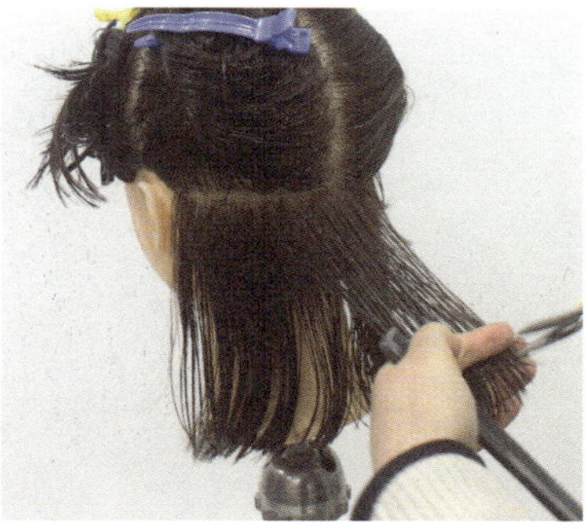
12 다음 섹션 두피 90° 잡는다.

13 가이드와 같이 잡고 커트 진행

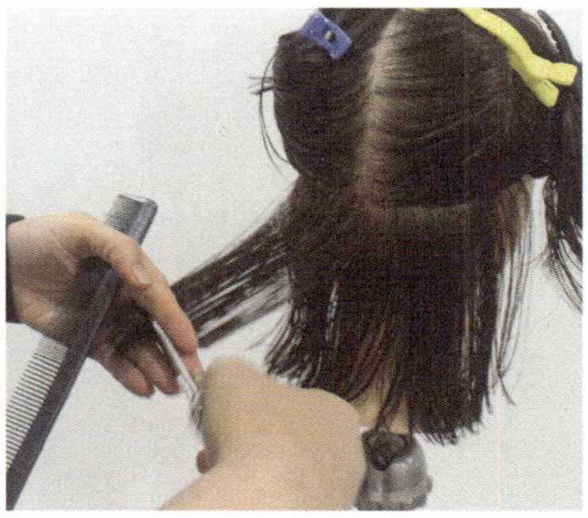
14 커트 진행

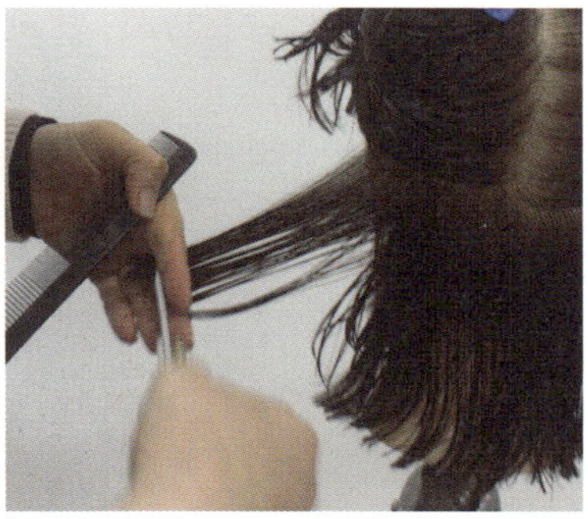
15 양 옆으로 커트 진행

16 층 체크

17 다음 섹션 내린다.

18 커트 진행

19 두피 각도 90° 잡은 상태

20 커트 진행

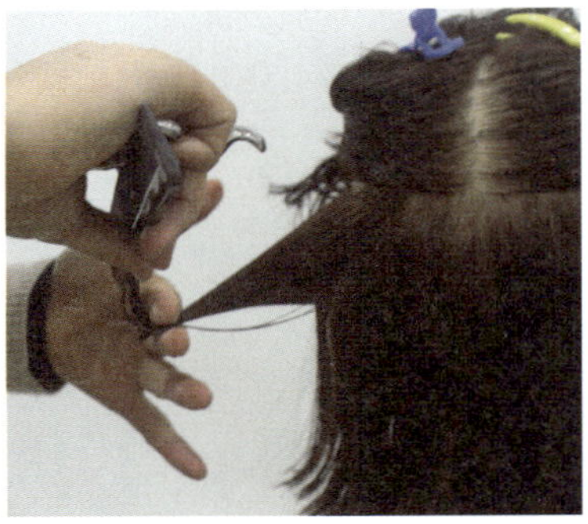

21 가이드 확인하는 모습

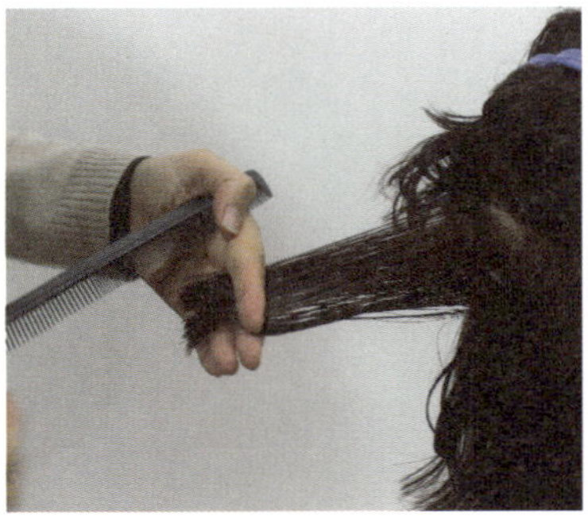

22 가이드와 같이 잡은 상태

23 커트 진행

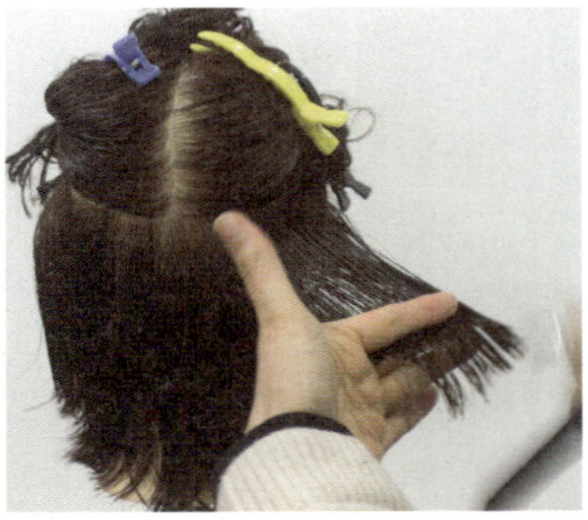

24 양 옆으로 커트 진행

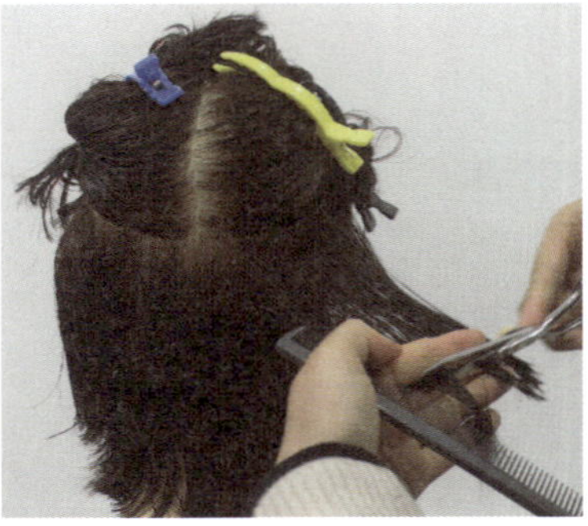

25 커트 진행

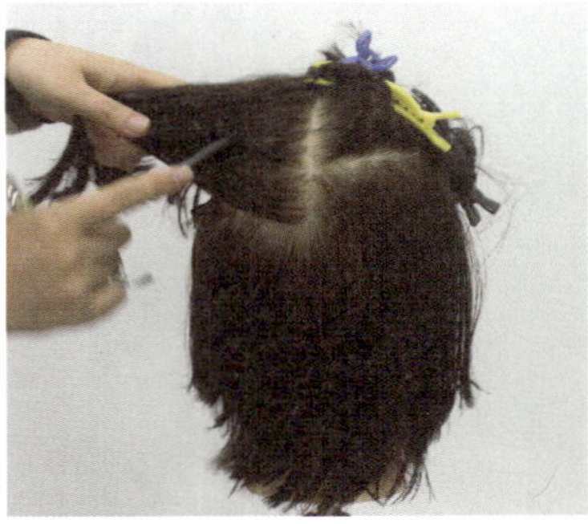

26 다음 섹션 내린다.

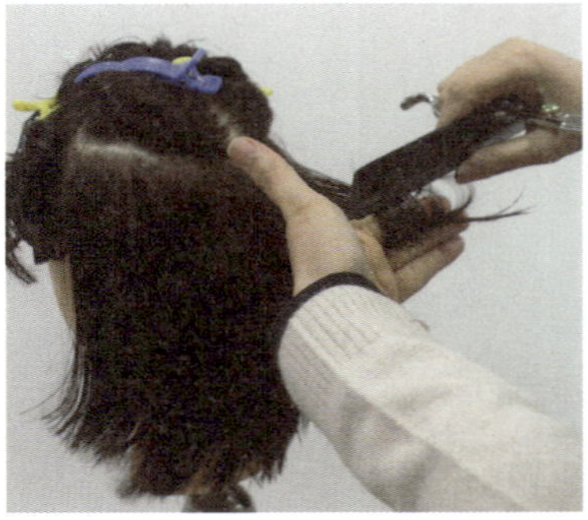

27 밑 가이드 확인

28 가이드에 맞춰 커트 진행

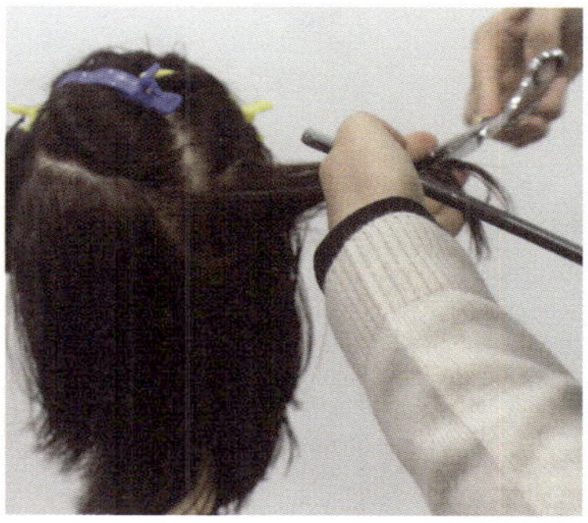

29 커트 진행

30 반대편 커트 진행

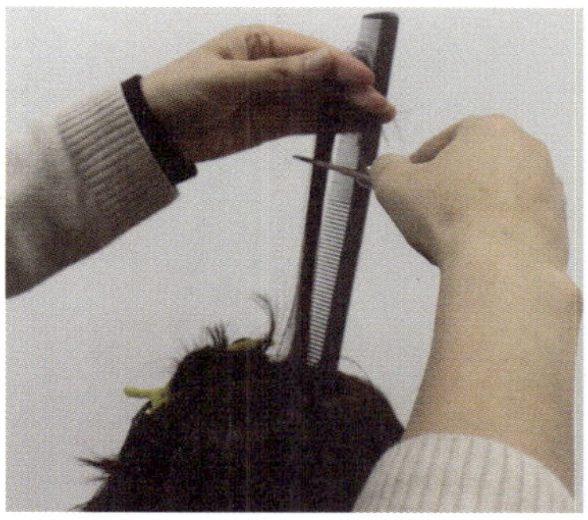

31 탑 부분 길이 정하기

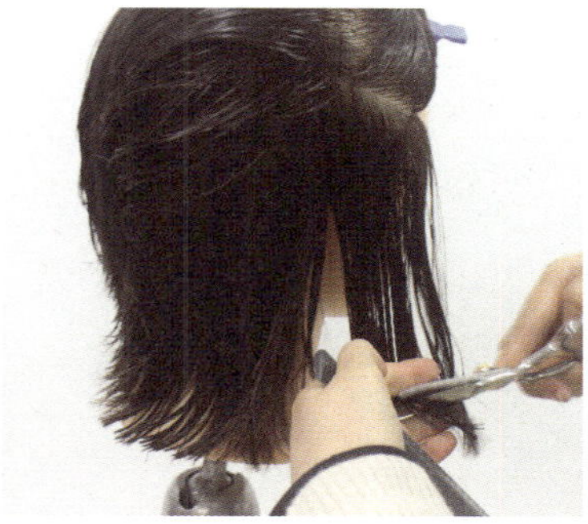

32 가이드 연결

33 가이드에 맞춰 커트 진행

34 커트 진행

35 크라운 부분 피봇섹션으로 커트 진행

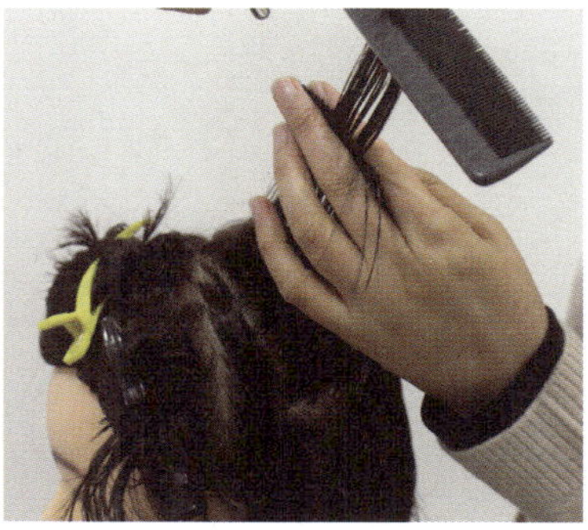

36 커트 진행

37 피봇 다음 섹션 잡는다.

38 커트 진행

39 커트 진행

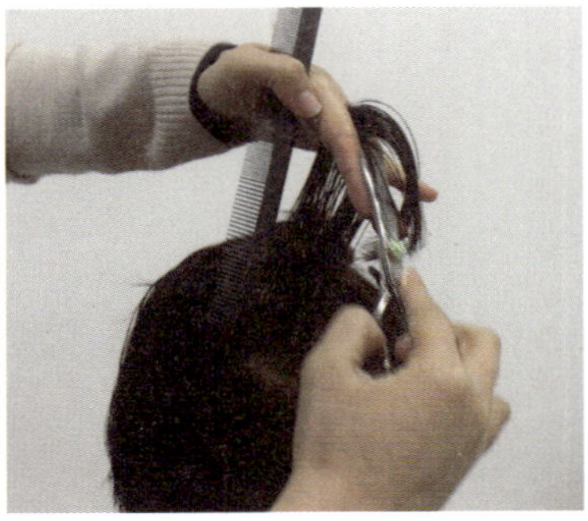
40 반대편 피봇섹션 커트

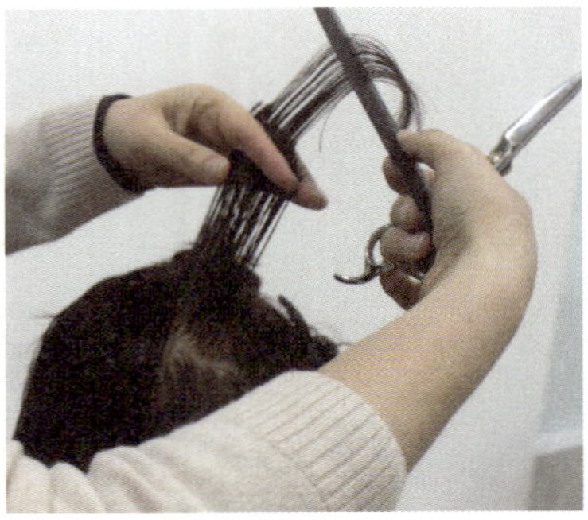
41 가이드 빗질

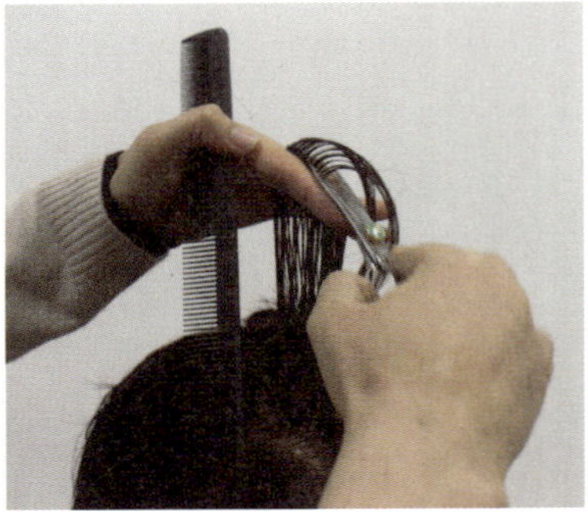
42 커트 진행

43 커트 진행

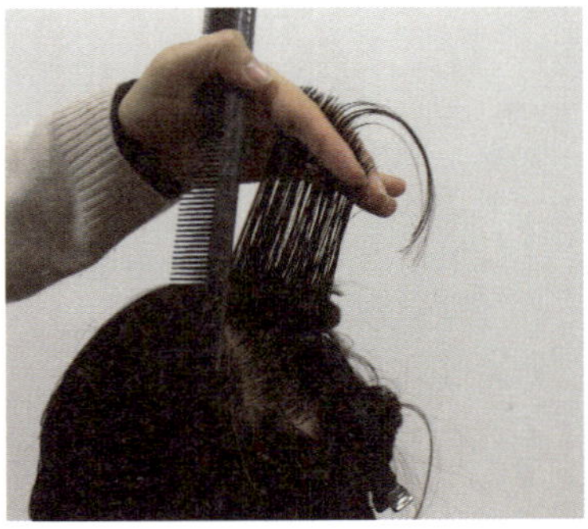
44 커트 진행

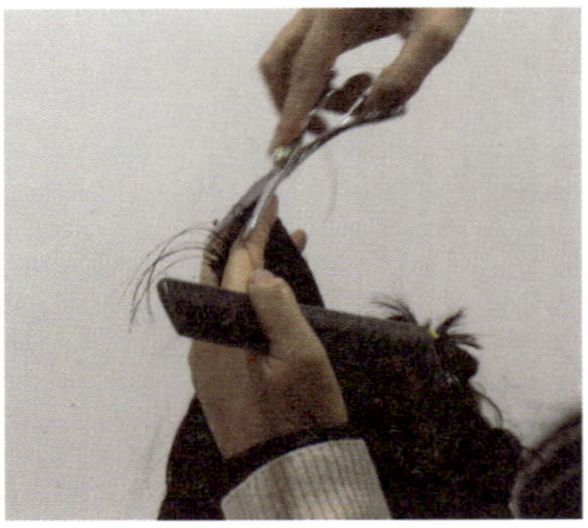
45 커트 진행

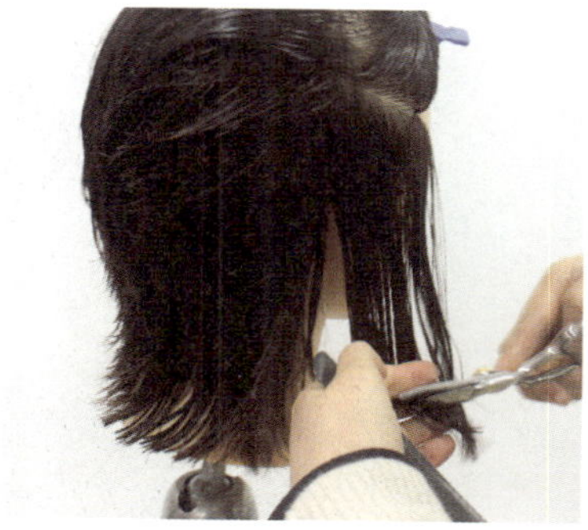

46 옆 모발 첫 섹션 0° 내린다.

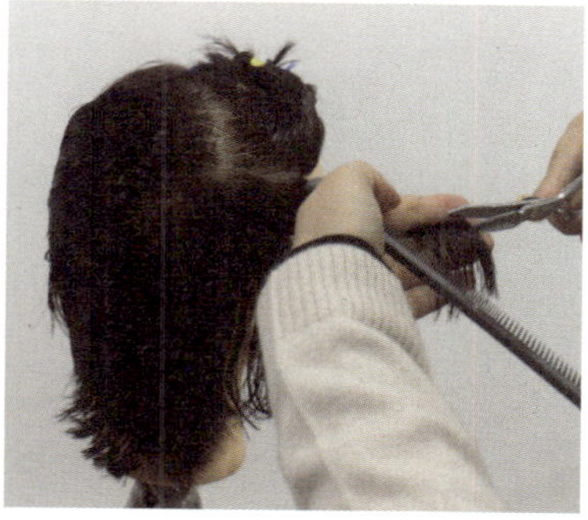

47 두 번째 섹션 90° 들어 커트 진행

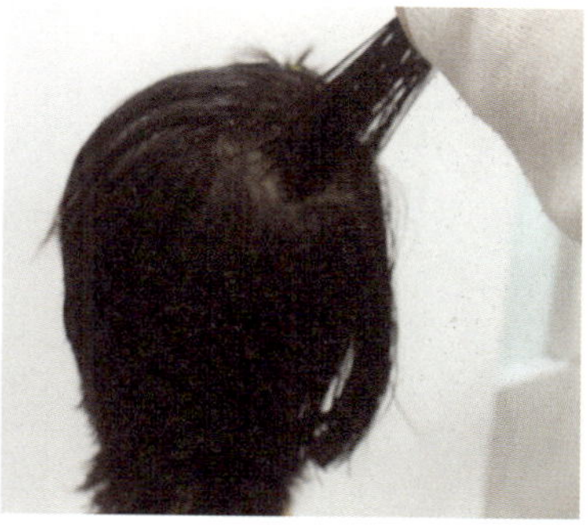

48 다음 섹션 90° 들어 커트 진행

49 커트 진행

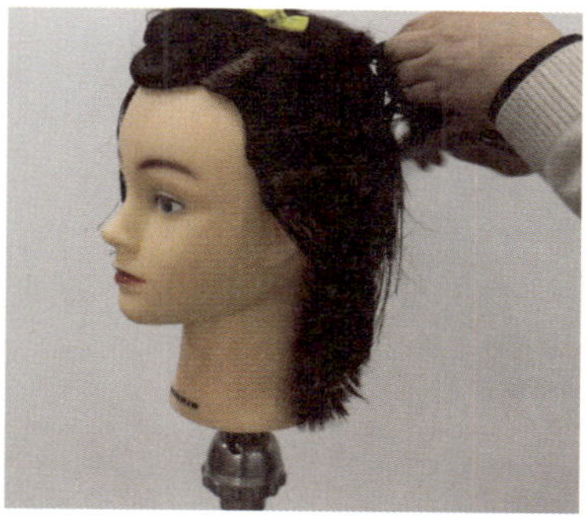

50 다음 섹션 내린다.

51 반대편 첫 섹션 0° 내린다.

52 두 번째 섹션 90° 들어 커트한다.

53 다음 섹션 동일한 각도로 커트 진행

54 커트 진행

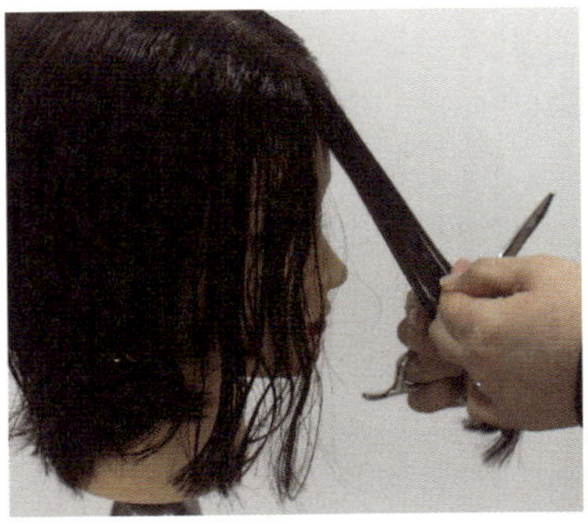
55 앞 모발 길이 같게 커트

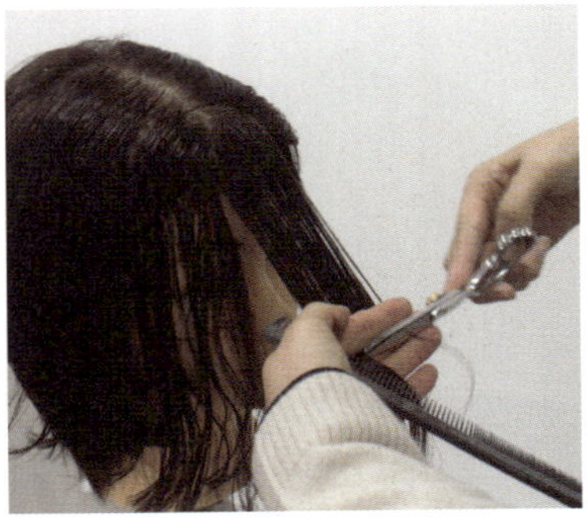
56 커트 진행

57 앞 모발과 탑 모발 연결 커트

58 커트 진행

59 커트 진행

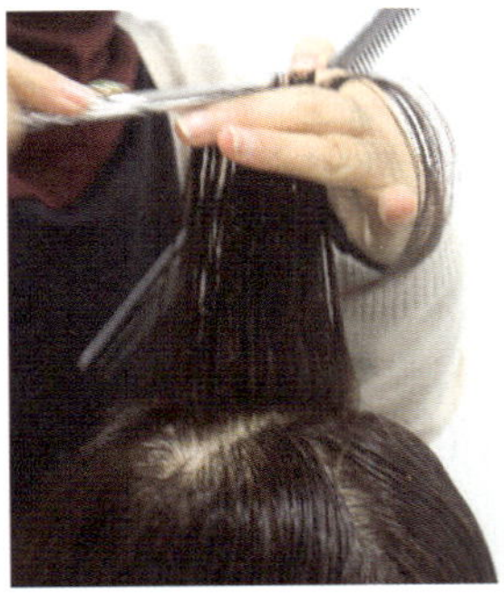
60 탑 부분 옆 모발과 연결 커트

61 커트 진행

62 다음 섹션 동일한 방법으로 커트 진행

63 커트 진행

64 다음 섹션 커트 진행

65 전두부 같이 잡고 층 정리

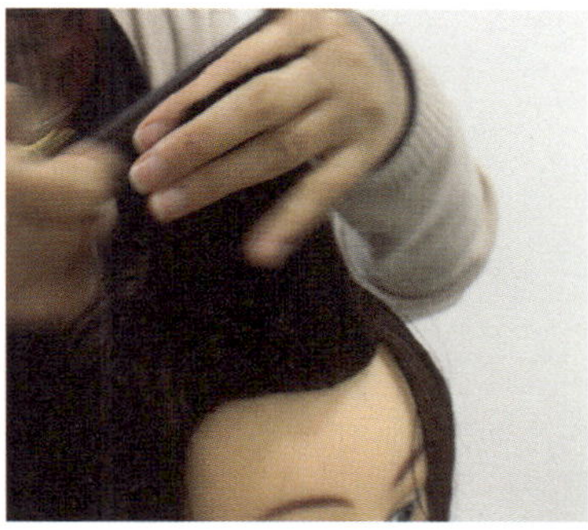

66 커트 진행

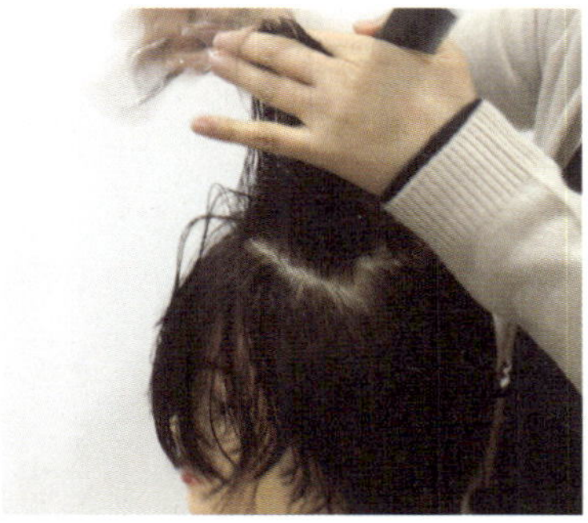

67 옆부분 커트 진행

68 커트 진행

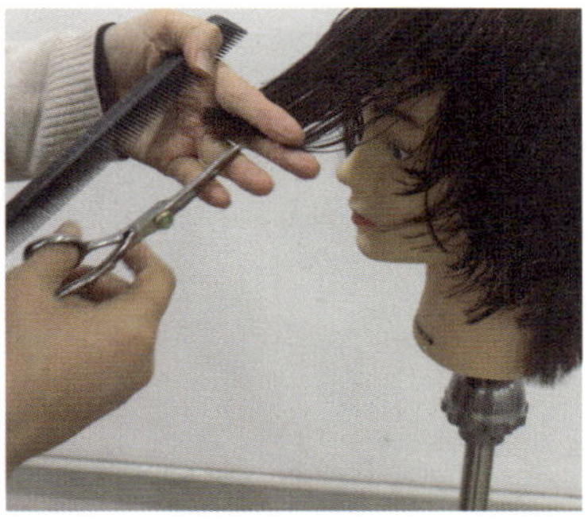

69 앞 모발 연결 커트

70 숱(질감) 정리

71 숱(질감) 정리

72 숱(질감) 정리

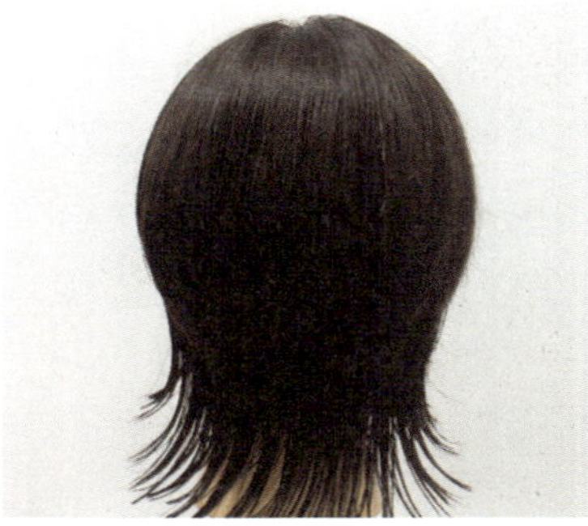

73 완성된 뒷모습

74 완성된 앞모습

75 완성된 옆모습

76 완성된 옆모습

김주섭 상지영서대학교 뷰티케어과 교수
유세은 여주대학교 뷰티헤어스타일과 교수

베이직 컷

초판 인쇄 | 2018년 2월 26일
초판 발행 | 2018년 3월 2일

지은이 | 김주섭 · 유세은
발행인 | 조규백
발행처 | 도서출판 구민사
서울특별시 영등포구 문래북로 116(문래동 3가, 트리플렉스) 604호

전화 | 02.701.7421~2
팩스 | 02.3273.9642
홈페이지 | www.kuhminsa.co.kr

등록 | 제14-29호 (1980년 2월 4일)
ISBN | 979-11-5813-552-2 (93590)

값 24,000원